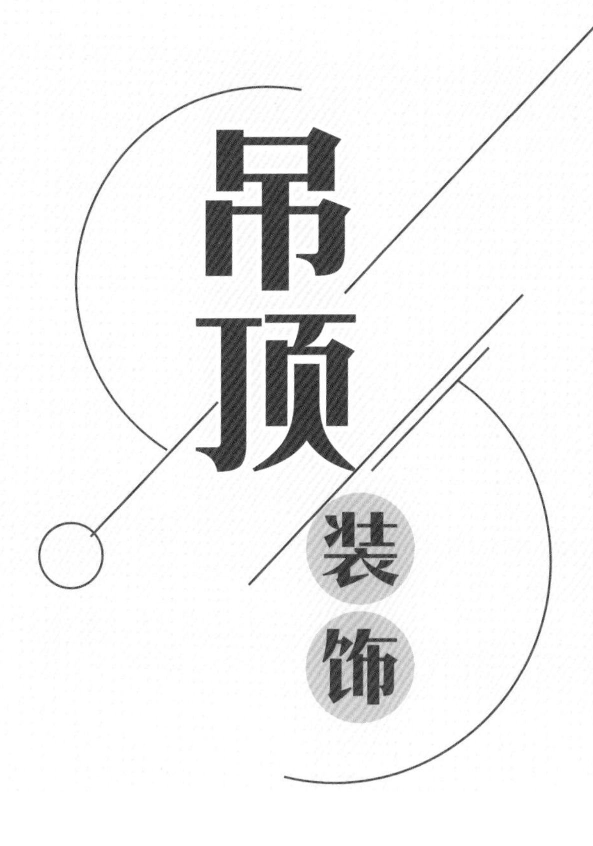

吊顶装饰

家居装饰工艺从入门到精通

李江军　李戈　编

中国电力出版社
CHINA ELECTRIC POWER PRESS

内 容 提 要

在室内空间中，吊顶和墙面面积最大，重要性不言而喻。因此，吊顶和墙面装饰是空间界面设计中最核心的部分。本书重点分析了吊顶材料的选择方法和装饰技法，从材料、工艺、色彩、软装等全面、系统地介绍了室内吊顶和墙面装饰的知识，不谈枯燥的理论体系，只谈具体实际应用，强大的实用性满足了不同层次读者的需求，图文并茂的形式符合图书轻阅读的流行趋势。

图书在版编目（CIP）数据

家居装饰工艺从入门到精通．吊顶装饰 / 李江军，李戈编．— 北京 ：中国电力出版社，2021.8
ISBN 978-7-5198-5683-0

I. ①家… II. ①李… ②李… III. ①住宅－顶棚－室内装饰设计 IV. ① TU241

中国版本图书馆 CIP 数据核字（2021）第 107266 号

出版发行：中国电力出版社
地　　址：北京市东城区北京站西街 19 号（邮政编码 100005）
网　　址：http://www.cepp.sgcc.com.cn
责任编辑：乐　苑　（010－63412380）
责任校对：黄　蓓　常燕昆
装帧设计：唯佳文化
责任印制：杨晓东

印　　刷：北京瑞禾彩色印刷有限公司
版　　次：2021 年 8 月第一版
印　　次：2021 年 8 月北京第一次印刷
开　　本：787mm×1092mm　16 开本
印　　张：11
字　　数：274 千字
定　　价：68.00 元

前言

Foreword

在室内空间中，吊顶和墙面面积最大，重要性不言而喻。因此，吊顶和墙面装饰是空间界面设计中最核心的部分。坚固、规整而对称的吊顶和墙面设计，能够表达出一种规范的美感；不规则的吊顶和墙面设计则具有灵动感，尤其是当采用粗糙纹理的材料或将某种非规则的设计特性带到空间中时，表现得更为强烈。

吊顶和墙面装饰使用不同的装饰材料，每一种材料都有着自身的特点，呈现出不同的空间氛围，带给人不同的视觉感受。本套书重点分析了吊顶和墙面材料的选择方法和装饰技法。掌握了本书解析的知识要点以后，可以针对不同风格的空间作出相应的空间界面设计。

随着精装房时代的来临，软装设计元素呈现出越来越重要的作用。对于吊顶而言，灯具就是最大的顶面软装元素；对于墙面而言，除了基础的墙面材料之外，壁饰、装饰镜、装饰画、照片墙、装饰挂毯、装饰挂盘、布艺窗帘等是室内墙面装饰的主要组成部分。本书从材料、工艺、色彩、软装等全面、系统地介绍了室内吊顶和墙面装饰的知识，不谈枯燥的理论体系，只谈具体实际应用，强大的实用性满足了不同层次读者的需求，图文并茂的形式符合图书轻阅读的流行趋势。

编　者

目录

Contents

吊顶装饰　第一章

SUSPENDED CEILING DESIGN

吊顶装饰的基础知识

吊顶是指室内空间的顶面装饰，是室内设计的重要组成部分。吊顶既可以把一些管线隐藏起来，从而起到整洁美观的效果，还可以做一些装饰造型，把空间衬托得更有韵味。一款好的吊顶设计方案，应该关注吊顶与周围空间的结合，让吊顶完整和谐地融入家居环境。

吊顶装饰功能

弥补原建筑结构的不足

有些住宅原建筑房顶的横梁、暖气管道露在外面很不美观，可以通过吊顶掩盖结构不足，使顶面整齐有序。另外，卫生间和厨房由于管线很多，所以大多数人都会大面积使用吊顶，把这些管线隐藏起来。

△ 通过后期的软装布置，可以实现居室的换颜

很多房屋本身不仅会有一些横梁，而且有一些梁的位置也比较尴尬，在餐厅或者客厅的正上方。梁本身是用来承重的，也不能直接敲掉，吊平顶层高会太矮。像这种情况，可以在梁的周围再添加几根高度一致的假梁，按空间的大小做成井字形。这样既美观又能弱化横梁的突兀感。

△ 利用木质装饰梁弱化横梁的突兀感，强化空间的美式乡村自然主题

隔热与保温作用

顶楼的住宅如无隔温层，夏季阳光直射房顶，室内如同蒸笼一般。很多吊顶的材质为装饰石膏板，装饰石膏板的特性使其具有隔热保温的功能，所以可以通过吊顶加一个隔温层，起到隔热的功能。冬天，它又成了一个保温层，使室内的热量不易通过屋顶流失。

方便固定安装灯具

有些住宅的原建筑照明线路单一，无法创造理想的光照环境。通过吊顶，不仅可以将许多管线隐藏起来，还可以预留灯具的安装部位，用来丰富室内光源层次，使室内达到良好的照明效果。多层次、多功能的照明是丰富吊顶装饰艺术和方便生活的重要内容。

△ 利用吊顶安装灯具，从而丰富室内的光源层次

增强空间装饰效果

吊顶是室内装饰的一个重要组成部分，除墙面、地面之外，它是围成室内空间的另一个大面。吊顶对营造空间氛围、烘托房间的气氛有着很重要的作用。可以采用造型丰富的吊顶，增强视觉感染力，使顶面处理富有个性，从而营造出独特的装饰风格。

△ 吊顶起到美化顶部空间、烘托空间氛围的作用

吊顶色彩图案

在自然光条件下，对受光度而言，地面最亮，墙面次之，顶面最暗。由此可知，因吊顶比墙面受光少，最简单的方式是选择比墙面浅一号的色彩，使之具有膨胀效果。顶面层高在 240cm 左右，应选择浅色；顶面高过 250cm，可选择与墙面相同的颜色。如果希望顶面显得低一些，可选用暖色或鲜艳的冷色。如果想要营造气氛，让空间产生神秘感，可以使用暗色系。但也要视地面与墙的色彩而定，不宜过于沉重，否则容易使人产生压迫感。

△ 吊顶选择白色的居多，也可选择比墙面浅一号的色彩，使之具有膨胀效果

△ 高纯度冷色的吊顶使得办公空间的层高显得低一些，可以更好地让人集中注意力

△ 吊顶可选择与墙面同色，但比地面浅的颜色，这样视觉上才不会失去平衡

△ 局部暖色的吊顶可以很好地活跃小户型空间的氛围，给人以视觉上的欢快感

△ 黑色的吊顶容易营造氛围，但不适合层高较低的空间，否则容易产生压迫感

◆ 古典图案

有图案的吊顶不适合小户型空间，通常应用在面积较大的室内空间中。一类是以墙纸图案的形式出现，例如西方古典风格的空间中经常出现欧式复古的图案，传达贵族气质与浓郁的文化气息；另一类是以材料装饰形成的图案，最常见的如石膏浮雕等，通常出现在欧式风格或新古典风格的空间中。在一些乡村风格居室中，常以天然的木质纹理作为顶面图案；还有比较常见的一类是条纹或波浪纹的几何图案，对于延伸空间感可以起到很大的作用，适用于简约风格空间。

◆ 自然图案

◆ 雕花图案

◆ 雕花纹样

◆ 几何图案

◆ 几何纹样

吊顶设计原则

吊顶的高度掌握

对于居住者而言，当然尽可能越高越好，扣除必要设备所需的深度之外，最好不要低于 250cm，因为这个高度以下容易产生压迫感，通常只能规划为人不会停留的地方。吊顶的高度与房间宽度的关系，是两者对比造成的结果。也就是说，影响整个空间大小感受的因素，除了规范的基本尺寸，事实上还有房间水平尺寸的影响。由于对比效果，高的吊顶会使空间的视觉宽度缩小，也就是当高度和宽度的比例不匹配时，房子会显得更窄小。

在室内装饰时应掌握吊顶的正常高度，与房间的水平尺寸及房间用途成比例。例如会议室与餐厅的主要用途是使人集中注意力，所以矮一点比较好；或者是空间宽度不大，天花板略微下降一些，反而会使空间感觉较大。如果室内空间的层高比较理想时，应选择斜顶设计或是挑高斜屋顶，再搭配照明光源的引导。

△ 如果室内空间的层高足够理想，选择斜吊顶的设计可创造出视觉上的变化感

△ 餐厅的主要用途是使人集中注意力用餐，所以吊顶的高度可以适当降低一些

吊顶的主次之分

在住宅的公共空间常常会存在客厅、餐厅、厨房、过道连接在一起的情形，应区分哪个区域是主角、哪个区域是配角，吊顶设计上分出主次，空间会更整齐；否则即使全部是白色，都可能变得混乱无中心，再加上照明的设置，更显凌乱。最简单的排序就是在一个空间中，哪个地方的功能最重要，哪里就是本区的中心。

△ 厨房呈开放式布局，虽然都是白色顶面，在吊顶造型的设计上以餐厅区域为主角

吊顶的吸声功能

吊顶表面材质与形状对室内声音有极大的影响，所以大部分不做吊顶的工业风格空间，都比较嘈杂或有回声，对于听觉敏感、睡眠质量不佳的居住者就不大合适。平面式吊顶比较容易反射声音，但因为住宅空间中还有其他布艺织物等可以吸声，所以尚且可以接受；凹形与拱形的吊顶反射的声音多为回声和飘荡的拍打声，将圆弧表面改为多层次，就可以缓解这个问题。格栅式吊顶则有良好的反射声音的效果。

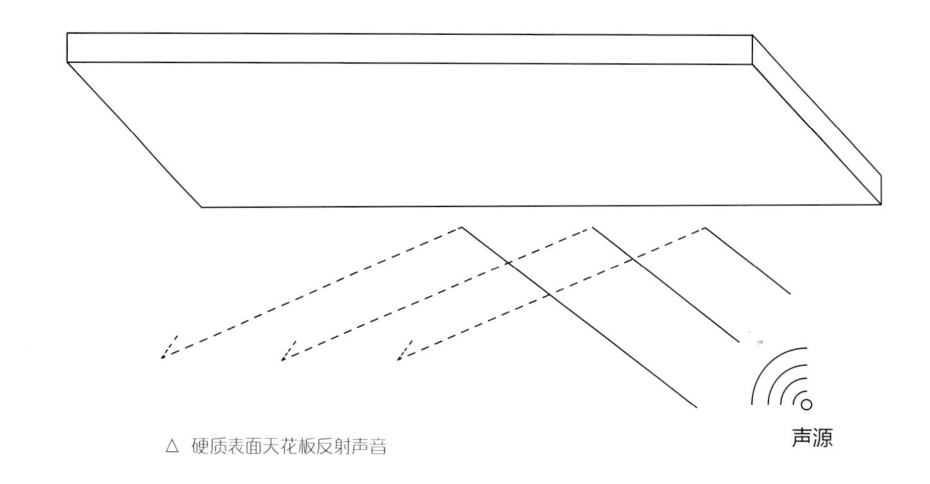

△ 硬质表面天花板反射声音

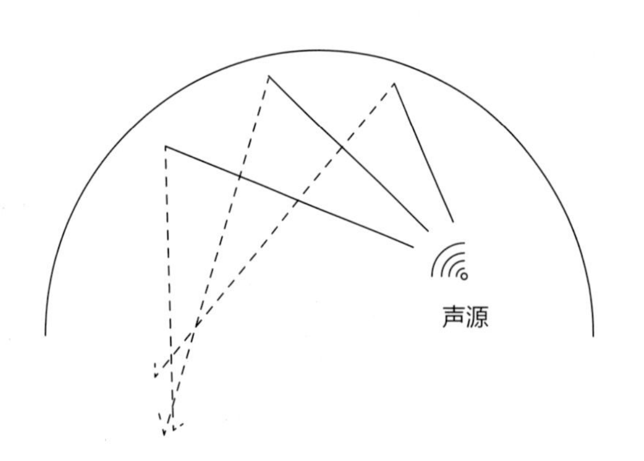

△ 穹隆和拱顶产生焦点并强化颤音

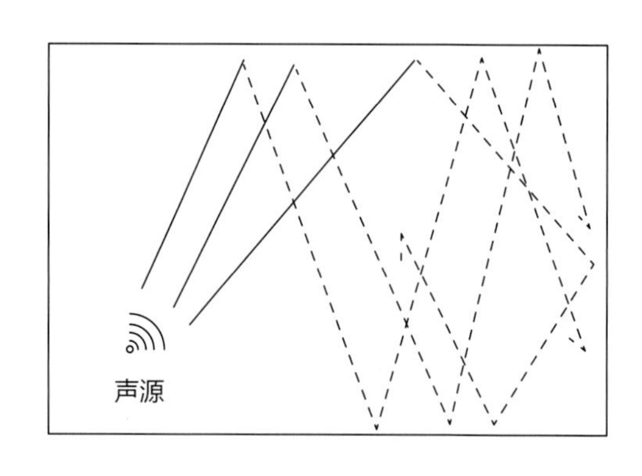

△ 平行的两个硬面能产生重复的回声和颤音

吊顶的间接照明

吊顶的间接照明通常有洗墙光、灯带与降板三种形式。洗墙光指的是光只从吊顶缝沿墙面流泻而下，也就是吊顶周围藏灯，此种吊顶本身与墙的距离大约保留 10~15cm，不可过多。灯带离墙的距离可以在 20cm 以上，隐藏在吊顶造型内的连接灯或日光灯，须重叠 5cm 以上，避免断光，否则会失去设计所希望达到的视觉延伸感。如果是设计格栅，格栅之间的距离保持在 25cm 内，不宜太大。降板则是强调空间中央重心的手法，灯光设计在四周时，不只有往下照明的光，也有从降板反射下来的较柔和的光，光线的反射面不可距离灯太近或太远，白色为佳。

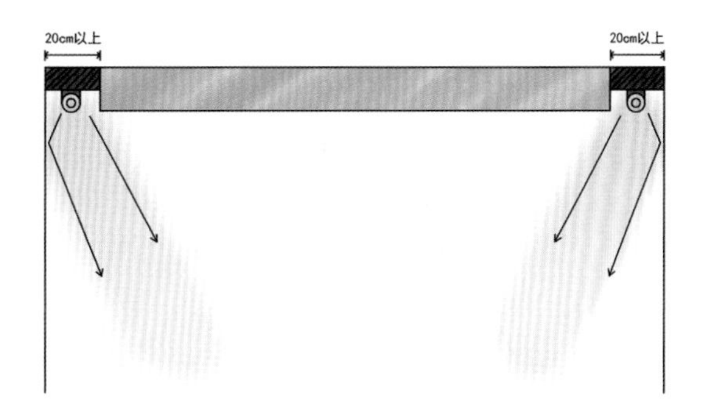

△ 光带

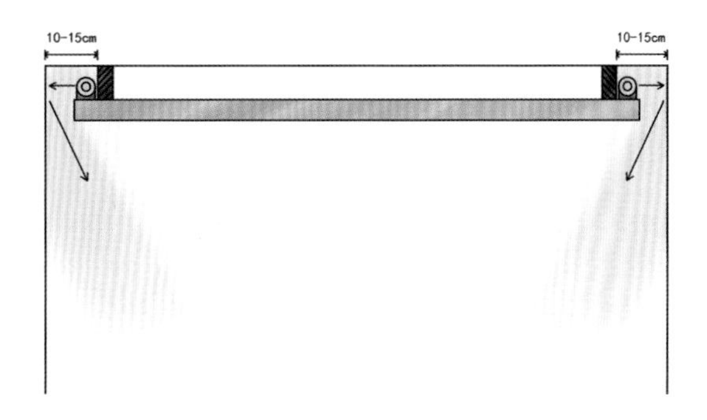

△ 洗墙光

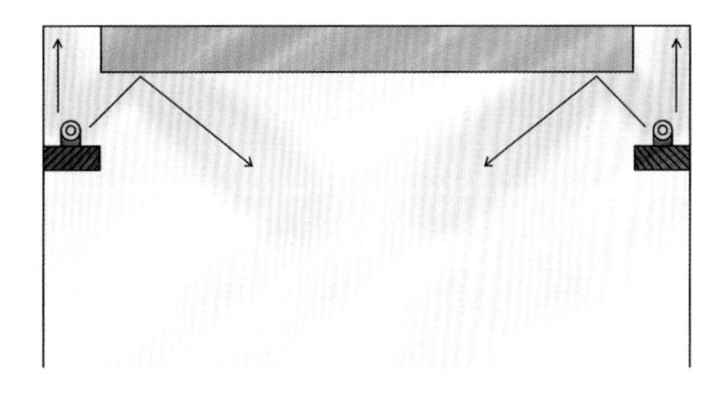

△ 降板

家居装饰工艺从入门到精通

吊顶装饰　第二章

SUSPENDED CEILING DESIGN

吊顶装饰材料的应用

吊顶是室内设计中十分重要的环节，不仅能美化室内环境，还能营造出丰富多彩的空间艺术形象。在设计顶面时，最好选择不会燃烧的材料，如必须选择木质材料做吊顶，一定要注意在施工时对其做防火处理，刷上防火涂料。同时，还应遵循省材、牢固、安全、美观、实用等原则。

@ 陌上设计

龙骨

龙骨是用于制作吊顶的主材料，可分为木龙骨和轻钢龙骨。木龙骨方便做造型，但注意木材一定要经过良好的脱水处理，保持干燥的状态，白松木就是做木龙骨比较合适的材料。轻钢龙骨一般是用镀锌钢板冷弯或冲压而成，是木龙骨的升级产品。

木龙骨由于其质地较软，所以在加工过程中，可被制成多种不同的造型，它还能与其他木制品相互搭配使用，加工工艺较简便；而轻钢龙骨因其制作的原料过于坚硬，所以在进行造型加工的时候，比木龙骨有着更为严格的加工工艺标准，不仅增大了其加工难度，而且还提高了对施工人员的技术要求。

一般来说，木龙骨的材质强度较差，在使用钉子打眼的过程中，很容易产生龙骨折断或者开裂等问题，对材料造成损耗；而轻钢龙骨所使用的轻密度钢材不仅拥有较轻的质量，而且还具有很好的强度性能，在使用过程中，不容易受到外力的冲击而产生破损的问题。

选用轻钢龙骨时应严格根据设计要求和国家标准；选用木材做龙骨时注意含水率不超标，龙骨的规格型号应严格筛选，不宜过小。其次，除了应选用质量较好的石膏板之外，使用较厚的板材也是预防接缝开裂的一个有效手段。

△ 木龙骨

△ 轻钢龙骨

铝扣板

铝扣板是以铝合金制成，防潮、防火是其最大的特点。传统的铝扣板是一块光面，随着现代制作工艺的不断发展，目前市面上的铝扣板已经可以将丝面、丝光、镜面等多种不同的光泽，以不同的颜色和图案来呈现，使其看上去更加光彩亮眼。由于防水防潮性能优越，铝扣板常被应用于厨房和卫生间的顶面装饰。在安装厨卫空间顶面的铝扣板前，要先固定好油烟机的软管烟道以及确定好浴霸、排风扇的位置之后再进行安装。

△ 铝扣板吊顶通常用于厨房与卫浴间的顶面装饰，对于平整度的要求比较严格

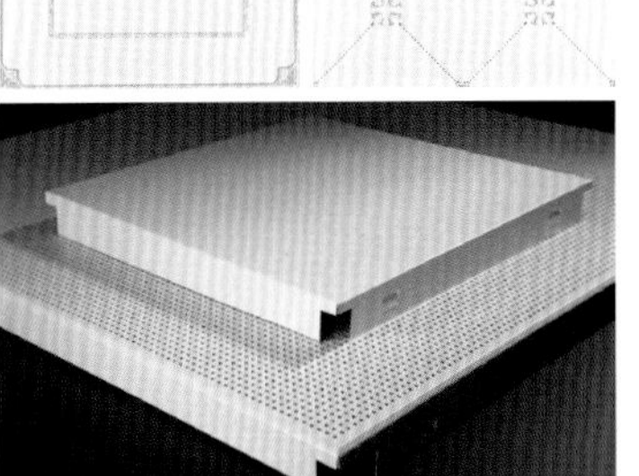

集成式铝扣板吊顶，包括板材的拼花、颜色，灯具、浴霸、排风的位置都会设计好，而且负责安装和维修，比起购买单片进行拼接更为省力、美观。

石膏板

石膏板是以建筑石膏为主要原料，加入纤维、胶粘剂、改性剂，经混炼压制而成的一种室内装修材料，具有重量轻、强度高、厚度薄、加工方便以及隔声隔热和防火性能好等优点，是现代家居吊顶设计中最常使用到的材料之一。

△ 在吊顶装饰中，石膏板适合完成一些有弧度的造型

石膏板一般可分为纸面石膏板、防水石膏板、穿孔石膏板、浮雕石膏板等。通常平面石膏板适用于各种风格的家居，而石膏浮雕板则适用于欧式风格的家居。在顶面设计一些有弧度的造型，基本都是靠石膏板来完成的。然后在石膏板造型的表面涂刷乳胶漆。此外，由于石膏板吸水性好，容易受潮发霉，因此在浴室、厨房等较为潮湿的空间，宜采用具有防水功能的石膏板材料，再搭配防水乳胶漆，可避免油烟以及水汽的侵蚀，清洁起来也更加方便。

△ 浮雕石膏板

△ 防水石膏板

△ 纸面石膏板

△ 穿孔石膏板

硅酸钙板

硅酸钙板是以无机矿物纤维为增强材料，以硅质以及钙质材料为胶结材料，经高温高压工艺制作而成的板材。作为新型绿色环保建材，除具有传统石膏板的功能外，还有防火、防潮、隔声、防虫蛀以及耐久性好等优点，因此是现代室内顶面设计的理想装饰板材。硅酸钙板的好坏和密度是分不开的，可按低密度、中密度、高密度进行划分，密度越高的硅酸钙板，其品质层次也越好。

硅酸钙板在施工时会有钉眼，因此表面需要上漆或用其他饰面材质做美化处理。硅酸钙板的厚度通常有 6mm、8mm、10mm、12mm 几种厚度，一般以厚度 6mm 的产品最为常用，具体可以根据实际需要进行选择。硅酸钙板安装后不容易更换，安装时需用铁质龙骨，因此施工费用较高。

△ 穿孔硅酸钙板

△ 平面硅酸钙板

与石膏板相比较，硅酸钙板在外观上保留了石膏板的美观性，在重量方面大大低于石膏板且强度高于石膏板，优化了石膏板易受潮变形的缺点，延长了板材的使用寿命；在隔声、保温方面也优于石膏板。

PVC 扣板

PVC 扣板以聚氯乙烯树脂为基料，加入一定量抗老化剂、改性剂等助剂，经混炼、压延、真空吸塑等工艺制作而成。PVC 扣板具有质量轻、防潮湿、隔热保温、不易燃烧、易清洁、易安装、价格低等优点。特别是经新工艺加工而成的 PVC 扣板，由于加入阻燃材料，使其能够离火即灭，使用更为安全。

△ 单色 PVC 扣板

PVC 扣板除了性能优越外，其中间为蜂巢状空洞、两边为封闭式的板材。表层装饰有单色和花纹两种，花纹又有仿木纹、仿大理石等多种图案；花色品种又分为乳白、米黄、湖蓝等色。在实际设计中，可选择淡色系的 PVC 扣板，花色不要太鲜艳，以突出空间的简约美。

△ 带花纹的 PVC 扣板

PVC 扣板多用于厨房和卫浴间的顶面装饰，其外观呈长条状居多，宽度为 200~450mm 不等，长度一般有 300mm 和 600mm 两种，厚度为 1.2~4mm。

△ PVC 吊顶更容易实现吊顶的简洁化，可以根据不同的家居环境选择花色和图案

杉木板

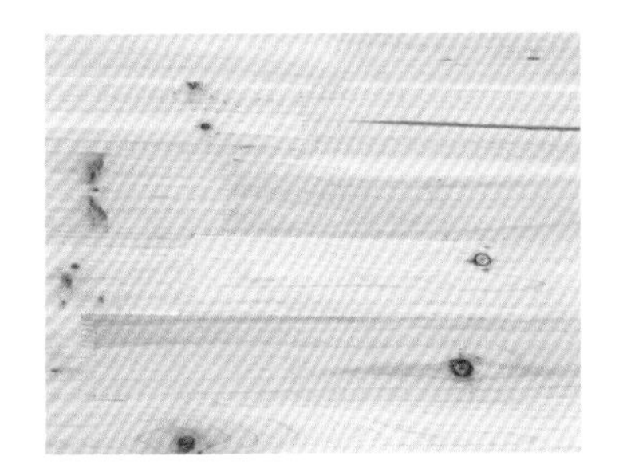

杉木板采用优质木材作为基材，经过高温脱脂干燥、指接、拼板、砂光等工艺制作而成的大幅面厚板材，不仅经久耐用不生虫、不变形，还会散发出淡淡的木质清香。杉木板改良了有些板材使用大量胶水黏结的工艺方法，用胶量仅为木工板的七成，而且木纹清晰，自然大方，因此是一种非常环保的用材。

△ 选择木蜡油进行擦色的工艺

△ 使用清漆保留杉木板的原有颜色

杉木板吊顶的形状排列可以根据空间的大小和造型来设计，安装好后刷漆时，可选择清漆保留杉木板原有的颜色，也可以用木蜡油擦上和整个空间相协调的颜色。此外，由于杉木板的规格和厚度有很多种，因此可根据实际需要来选择，既美观又避免了不必要的浪费。

镜面

有的户型层高有限，可选择使用镜面吊顶来延伸空间，增加家居空间的视觉高度，缓解层高过低形成的压抑感。在吊顶设计上使用镜面元素，制造出通透的美感，在提升空间优雅品质的同时，还能将居住空间的独有美感表现出来。

施工的时候要注意，镜子背面要使用木工板或者多层板打底，尽量不要使用石膏板打底。安装镜子一般使用玻璃胶粘贴或者是使用广告钉固定，石膏板能够承载的重量不如木工板牢靠，可能会存在安全隐患。如果在镜子两边各加一圈线条，还可以让镜子和墙面之间形成一个过渡，使空间更富有层次感。

△ 吊顶上大面积的黑色镜面材质，具有视觉上的通透感

如果设置镜面吊顶的空间比较潮湿，普通的镜子时间久了会变得暗淡，甚至会产生生锈、脱落等现象。所以选择具有防水防锈功能的镜面材料是极为必要的。

△ 镜面吊顶适合于现代风格的室内空间，可打造出更有层次感的空间

木地板

把木地板安装到吊顶上，可打破人的常规思维，从而产生新奇感和强烈的视觉冲击感。同时地板本身可选择性大，木纹、颜色和拼贴方法都可以根据其空间效果而定。由于实木地板的变形系数相对要高，所以不建议把实木地板铺在吊顶上，通常强化地板和实木复合地板是比较理想的地板品类。

△ 木地板吊顶具有丰富的天然纹理和色彩，经过排列之后可以获得多样的风格

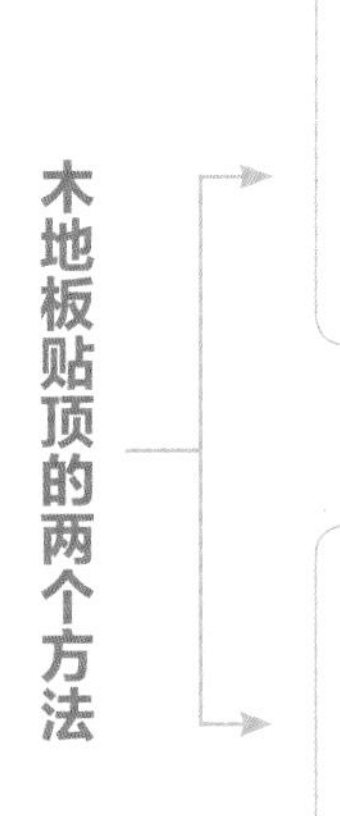

顶面做木龙骨，做成和铺地面一样的格子状，然后再将木地板贴上去。

将顶面先贴一层细木工板打底，再把木地板钉在细木工板上。

通常设计上更多的是使用 15mm 或 18mm 的木工板打底作为基层，这样既节省也容易操作，但是要注意顶面地板的收口问题，常规的顶面造型是做个凹槽把地板凹进去。

△ 如果一个空间中出现多种木质材料，选择装饰吊顶的木地板时应注意与其他木质家具的色彩及表面木纹的呼应

石膏浮雕

石膏浮雕是欧式风格空间中富有特色的装饰元素，并且常运用于顶面装饰中。石膏浮雕具有造型生动、高雅、立体感强、抗老化、不褪色、耐潮、阻燃等特点。在室内顶面运用石膏浮雕装饰，既能丰富顶面空间的层次感，同时还能给空间营造出欧洲装饰艺术的氛围。此外，石膏浮雕装饰也非常耐看，而且可根据房间结构的特点，选用线条花纹与图案花纹拼制成的图案进行装饰。在选择石膏浮雕应注意以下几点：

首先，优质的石膏浮雕表面细腻，手感光滑。而质量低劣的石膏浮雕表面粗糙，这类产品大多是由低劣的石膏粉制作的。

其次，看图案花纹深浅。优质的石膏浮雕图案花纹的凹凸深度应在 1cm 以上，且制作较为精细，而采用盗版模具生产的石膏浮雕饰品，图案花纹较浅，一般只有 0.5~0.8cm。

最后看厚薄。优质的石膏浮雕摸上去都很厚实，而不合格的石膏浮雕摸上去很单薄，这样不仅使用寿命短，严重的甚至会有安全隐患。

△ 石膏浮雕使吊顶显得更有立体感，同时还可营造出艺术氛围

△ 石膏浮雕通常搭配雕花线条的装饰，给空间带来一种古典的美感

装饰线条

在吊顶上使用装饰线条是十分常见的室内顶面设计手法。常见的石膏线条在吊顶装饰中作为顶角线，围绕房顶边缘一周，带有各种花纹，实用美观之外还可遮掩管线。石膏线的特点除了色彩呈白色外，还有一个明显的优势就是它的石膏表面非常的光滑细腻，因为它本身的微膨胀物理特性，所以在使用过程中不会造成裂纹；由于石膏材质的内部充满了大大小小的空隙，所以它的保温性能及隔热性能非常优秀。一般来说，石膏装饰线条的规格分宽、窄等几个不同规格。宽石膏线条主要用于吊顶四周边面的装饰，窄石膏线条主要与宽石膏装饰线条配合使用。

PU 线条是指用 PU 合成原料制作的线条，其硬度较高且具有一定的韧性，不易碎裂。在欧式风格的空间中，方便雕刻容易上色的 PU 材质还可以雕刻出小天使、葡萄藤蔓、壁炉花纹、集合图形等，也可以制作出仿古白、金箔色、古铜色等色系。

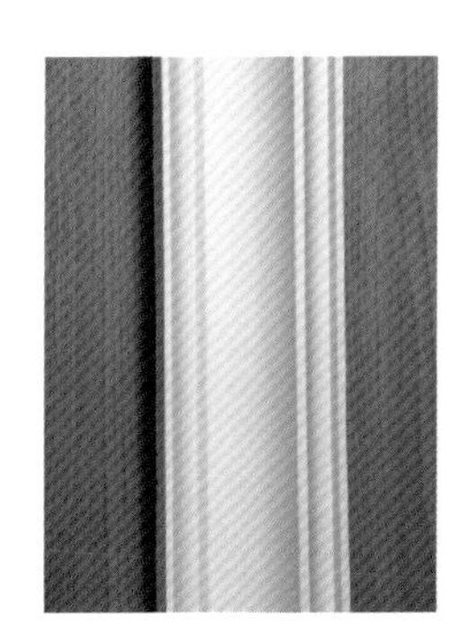

△ 石膏线

△ PU 线条

△ 石膏线条装饰的造型不仅丰富了顶面的立体感，而且艺术感十足

△ PU 线条适合雕刻各种花纹，是法式风格吊顶的常用元素

随着轻奢风的流行，如今金属线条装饰已逐渐成为新的主流。金属线条主要包括铝合金和不锈钢两种，铝合金线条比较轻，耐腐蚀也耐磨，表面还可以涂上一层坚固透明的电泳漆膜，涂后更加美观。不锈钢线条表面光洁如镜，相对于铝合金线条具有更强的现代感。

此外，木线条也是吊顶设计中常见的装饰材料。由于木线条的样式相比石膏线要少很多，所以多数木线条是根据特定样式定做的。一般先由设计师画出木线条的剖面图，然后拿到建材市场的木线专卖店面进行定制。

△ 吊顶中加入金属线条的装饰，是轻奢风格吊顶的特征之一

△ 用简洁的木线条勾勒造型是新中式风格吊顶常用的设计手法

△ 白色顶面太过单调，如果加上几圈金属线，立马赋予空间更多的高级感

△ 木线条

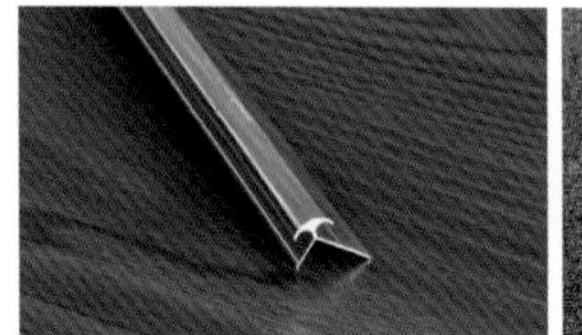

△ 金属线条

木质装饰梁

很多人为了追求自然原始的空间氛围，常用木梁装饰顶面空间。木梁吊顶的装饰效果非常明显，能提升室内空间的自然美感。在色彩方面，主要分为浅木色系和深木色系两种，深木色系显得沉稳，浅木色系则显得更为清爽。但不管是浅木色系还是深木色系，一般都只在原木表面涂一层清漆，不会刻意去改变木质原来的颜色，呈现出自然朴实的装饰美感。

需要注意的是，木梁在设计和施工时，不但要计算好尺寸等要素，还要考虑到材质打底、油漆收口等细节，以保证最终的安全性和完整性。

△ 木质装饰梁常用于表现原生态的自然气息

△ 格栅式排列的木质装饰梁

△ 表面显现天然纹理的原木装饰梁

石膏板装饰梁

顶面使用石膏板装饰梁进行设计，不仅能让顶面装饰显得更富有品质感，还能弱化横梁，让顶面空间显得更加规整。

在设计石膏板装饰梁时，应先用木龙骨定好梁的位置再贴石膏板，然后涂刷乳胶漆。此外，如果在顶面采用石膏板装饰梁的设计，可以考虑为其增加一些成品石膏线条进行点缀，让石膏梁的装饰效果更加丰富，同时还能增添顶面空间的视觉立体感。

△ 石膏板装饰梁不仅给人规整有序的视觉感受，也是弱化横梁常用的设计方式

顶面灯具

吊灯

吊灯不仅是具有照明的功能，还是顶面空间重要的软装饰品。选择一盏别致的吊灯，可成为空间的装饰主角。选购吊灯时，需要根据照明面积以及需达到的照明要求等几个方面来选择合适的灯头数量。通常吊灯的材质有玻璃、金属、水晶、纸质、木质等。

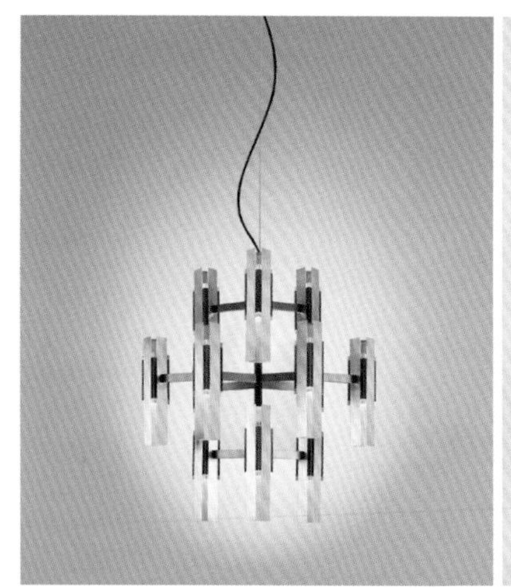

经典吊灯

PH 灯

由丹麦著名设计师保尔·汉宁森（Poul Henningsen）设计，这类灯具被设计成拥有多重同轴心遮板以辐射眩光，它只发出反射光，模糊了真正的光源。

△ PH5 经典吊灯

△ PH 雪球吊灯

△ PH2 松果吊灯

Beat 灯

Beat 灯从印度制作的黄铜容器获得灵感设计而成，这种吊灯分为小号长锥型、大号宽广型、中号饱满型。以黑色灯罩居多。

△ Beat 灯

玻璃吊灯常见的有彩色玻璃灯具和手工烧制玻璃灯具。彩色玻璃灯是用大量彩色玻璃拼接起来的灯具，其中最为有名的就数蒂芙尼（Tiffany）灯具。手工烧制玻璃灯具通常指一些技术精湛的玻璃师傅通过手工烧制而成的灯具，业内最为出名就数意大利的手工烧制玻璃灯具。

金属吊灯是以不同的金属材料制成的灯具，常见的有铜灯、铁艺灯等。铜灯是指以铜作为主要材料的灯具，包含紫铜和黄铜两种材料；铁艺灯不仅适合欧式风格，例如铁艺制作的鸟笼造型灯具，也适合于美式风格与新中式风格。

△ 玻璃灯

△ 铁艺灯

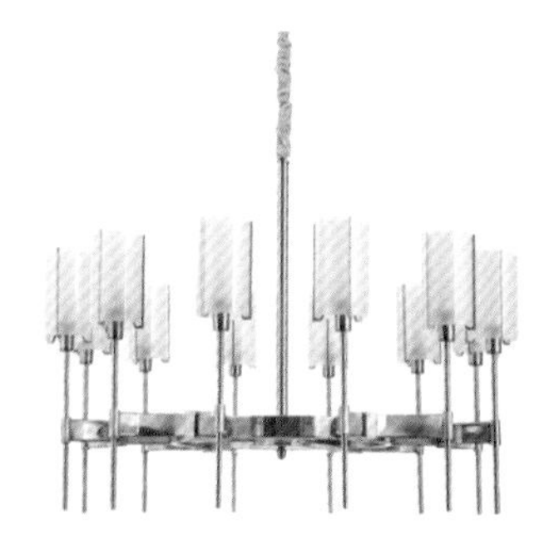

△ 铜灯

△ 玻璃灯晶莹剔透，错落悬挂更富装饰感

△ 后现代风格几何形金属吊灯很具视觉冲击力，具有鲜明的个性和艺术气息

水晶吊灯是指由水晶材料制作成的灯具，主要由金属支架、蜡烛、天然水晶或石英坠饰等构成。由于天然水晶的成本太高，如今越来越多的水晶灯原料为人造水晶。

纸质灯的设计灵感来源于中国古代的灯笼。纸质灯造型多种多样，可以跟很多风格搭配出不同效果。一般多以组群形式悬挂，大小不一，错落有致，极具创意和装饰性。例如在现代简约风格的空间中选择一款纯白色纸质吊灯，给空间增加一分禅意。

木质灯具拥有自然的风格，能带给人温馨感和宁静感。由于木材易于雕刻的特性，让灯具实现了多种创意。有的将木头做成镂空的灯罩，有的雕刻成木桶的形状，桶壁大小不一。木质灯具自带的复古味，能够给家里增添几分典雅的气息。想要打造出中式风格，木质灯具是非常不错的装饰元素之一。

△ 水晶灯

△ 纸质灯

△ 木质灯

△ 水晶灯给人璀璨亮丽的视觉感受，独具奢华的高贵质感

△ 纸质灯质感轻盈，适合营造淡淡的禅意氛围

△ 木质灯具有自然环保的特点，让人感到放松和舒畅

吸顶灯

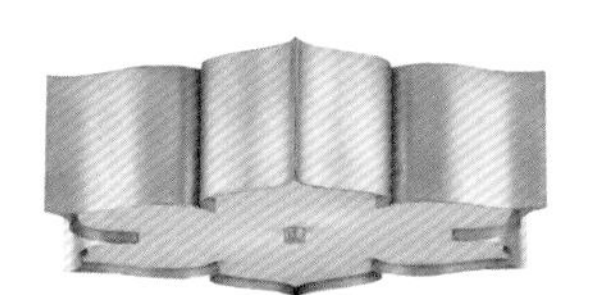

△ 吸顶灯

吸顶灯底部完全贴在顶面上，特别节省空间，适用于层高较低的空间。通常面积在 $10m^2$ 以下的空间宜采用单灯罩吸顶灯，超过 $10m^2$ 的空间可采用多灯罩组合顶灯或多花装饰吸顶灯。

与其他灯具一样，制作吸顶灯的材料很多，有塑料、玻璃、金属、陶瓷等。吸顶灯根据使用光源的不同，可分为普通白炽吸顶灯、荧光吸顶灯、高强度气体放电灯、卤钨灯等。不同光源的吸顶灯适用的场所各有不同，空间层高为 4m 左右的房间照明可使用普通白炽灯泡、荧光灯的吸顶灯；空间层高在 4~9m 的房间照明则可使用高强度气体放电灯，荧光吸顶灯通常是家居、学校、商店和办公室照明的首选。

△ 水晶质感的吸顶灯显露出低调高贵的气质，成为客厅空间的装饰主角

筒灯

筒灯是比普通明装的灯饰更具聚光性的一种灯饰，嵌装于吊顶内部，它的最大特点就是能保持建筑装饰的整体统一，不会因为灯饰的设置而破坏吊顶。筒灯的所有光线都向下投射，属于直接配光。筒灯有明装筒灯与暗装筒灯之分，如果想营造温馨的感觉，可尝试装设多盏筒灯，缓解空间的压迫感。

△ 筒灯

根据灯管大小，一般有 5 寸的大号筒灯，4 寸的中号筒灯和 2.5 寸的小号筒灯三种。尺寸大的间距小，尺寸小的间距大，一般安装距离在 1~2m，或者更远。不论是起主要照明之用，还是作为辅助灯光使用，筒灯都不宜过多、过亮，以排列整齐、清爽有序为佳。

△ 暗装筒灯

△ 明装筒灯

射灯

射灯是一种高度聚光的灯饰，它的光线照射是具有可指定特定目标的，主要用于特殊的照明需求，比如强调某个区域。家居装饰中使用的射灯分内嵌式射灯和外露式射灯两种，一般用于客厅、卧室、电视背景墙、酒柜、鞋柜等位置，既可对整体照明起主导作用，又可以局部采光，烘托气氛。

其中导轨射灯除具有射灯的特点之外，还需安装在专用导轨（三线或四线）上，可根据实际照明需求调整灯具在轨道上的位置。在应用方面，导轨射灯一般都可以水平 355°、垂直 90° 调节投射方向，十分灵活。

△ 射灯

△ 导轨射灯的特点是可按需移动，灵活照明

导轨射灯安装方式

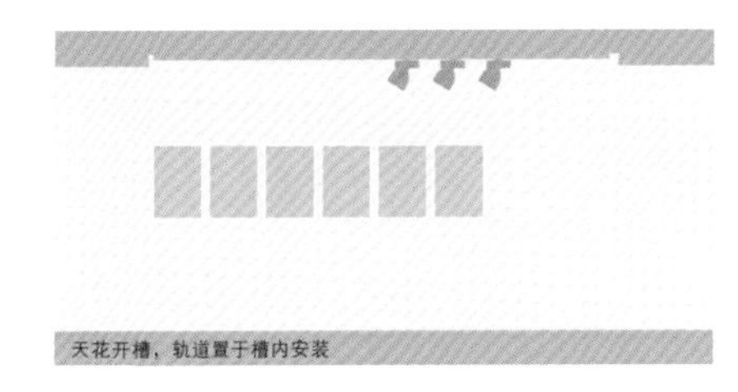

△ 天花开槽，轨道置于槽内安装

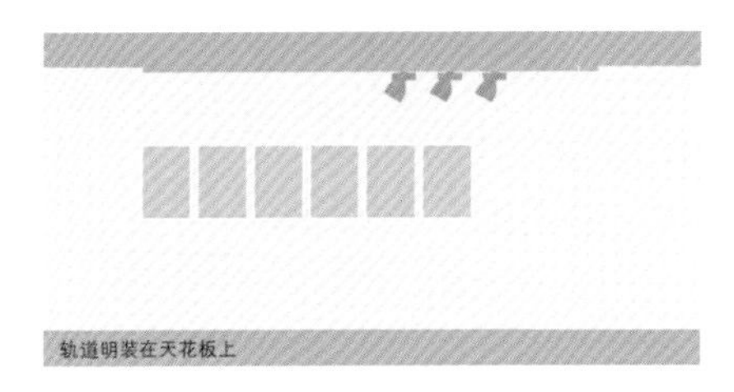

△ 轨道明装在天花板上

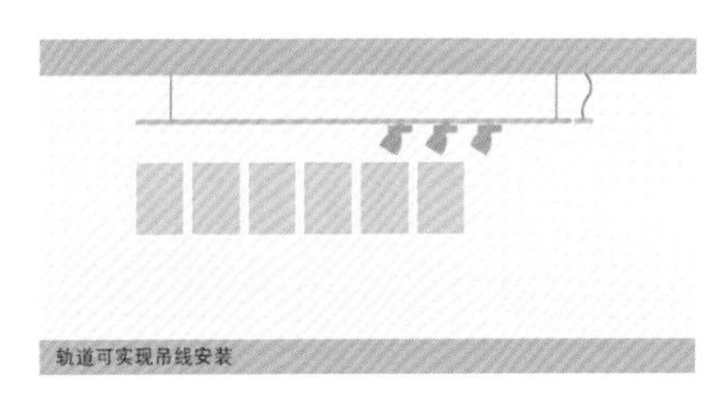

△ 轨道可实现吊线安装

家居装饰工艺从入门到精通

吊顶装饰 第三章

SUSPENDED CEILING DESIGN

常见风格的 吊顶设计重点

在室内装饰中，常常会根据不同的空间格局及层高，进行不同造型的吊顶设计。其实吊顶的设计与空间的风格同样息息相关。吊顶的风格种类有很多，在设计时，应根据室内空间的整体装饰风格来决定。不同风格的吊顶设计，不仅可以改变一个空间的装饰方向，而且高端大气的吊顶形式，还可以彰显居住者的生活品位。

现代风格吊顶设计

直线吊顶设计

在现代风格的吊顶设计中，最为常见的就是根据空间大小设计的直线吊顶，同时运用反光灯槽和射灯作为辅助光源。这种设计常见于 90m^2 左右的中小户型。直线吊顶类似顶角线，但顶角线更窄、更细，而直线吊顶的宽度多在 30~45cm，厚度多在 8~12cm。直线条的吊顶看似做工简单，实际上这种跨度很长的吊顶很容易出现裂缝。如需暗藏中央空调，对吊顶内部结构有比较高的质量要求。

很多现代简约风格空间的吊顶越来越简洁，有的甚至选择不做，既节约成本，又显得大气，充满设计感。但注意吊顶一定要遮住顶部的管道和设备，同时与墙面的色彩做个明确的分界线，这样效果会更好，比如在顶面的同一高度做一个石膏板的挂边线。

石膏板抽缝的形式

石膏板抽缝就是把石膏板抽出一条条的凹槽，可以增加空间的层次感。缝的大小可根据风格和空间的比例来定，抽完缝后还可以刷上符合家居风格的乳胶漆，既经济又环保。在施工时有两种方式：一种是原建筑楼板做底，一种是双层纸面石膏板做法。要注意的是，一般公寓房的顶面石膏板留缝为 8~10mm，刷完乳胶漆刚好是 5~8mm，如果一开始留 5mm，那么等批好腻子刷好乳胶漆以后，几乎就看不出来有缝隙了。

扩大空间感的镜面吊顶

镜面是现代风格中常常会运用到的装饰材料。利用镜面装饰顶面显得时尚又通透，由于自身材质的特点，经过暗藏灯光的照射，就显得顶部特别轻盈。在设计吊顶时，最好选用茶色的镜面，这样灯光反射不会很强烈，不仅优雅而且显得十分通透。

无主灯的设计形式

无主灯设计是现代风格顶面的常见装饰手法，能为空间带来一种极简的视觉效果。但这并不等于没有主光源，只是将光源设计成了隐藏在吊顶内的一种隐式照明。这种照明方式在设计上其实比外挂式照明要求更高，装修时首先要在吊顶上预留好位置，并要考虑灯光的多种照明效果和亮度，让吊顶和主体风格相协调。无主灯设计是让主光源融合于吊顶结构内，达到见光不见形以及光线 均匀的效果。

@ 双宝设计

@ 奥迅设计 & 奥妙陈设

@ 冷元宝设计

@ 天汇设计

@ INHOUSE 设计

表现工业风的吊顶形式

很多表现工业风的空间多保留原有建筑的部分结构，在顶面上基本上不会有吊顶材料的设计。若出现保留下来的钢结构，包括梁和柱，稍加处理后尽量保持原貌，再加上对裸露在外的水电线和管道线通过在颜色和位置上合理地安排，组成工业风格空间的视觉元素之一。

生态木吊顶设计

在简约风格的室内空间中，还可以采用生态木进行吊顶设计。和原木吊顶相比，生态木具有更好的稳定性，很少产生裂纹和翘曲、不存在木材常有的节疤和斜纹。以生态木制作的吊顶，其表面光滑细腻、无需砂光和油漆，即便需要油漆，生态木有较好的油漆附着性，也可以根据个人的喜好上漆。

加工时，可以加入着色剂，采用覆膜或者是做出复合表层即可制成色彩绚丽的款式，可满足不同业主的需要。需要注意的是，由于生态木表面对油烟的吸附性比较强，所以生态木吊顶不太适用于厨房空间。

@ 李玮珉设计

@ 方磊设计

@ 李玮珉设计

@ 源原设计

乡村风格吊顶设计

装饰木梁的运用

为了呈现回归自然的家居装饰理念，乡村风格的空间里往往会采用大量源于自然界的材料，打造出休闲清新的家居环境。比如在客厅的顶面加入装饰木梁的设计，可以加强空间中的自然气息，使之更具生活感。但是结构木梁的多少与粗细要根据空间的大小、高矮以及需要表现的效果而定，不能一概而论。

全实木吊顶设计

全实木吊顶可呈现出回归自然的家居理念。这类吊顶可以通过工厂定制和现场制作来实现，工厂定制的做工更精细，表面油漆质感相对比较好，但费用略高。采用现场制作的话不但要计算好尺寸，还要考虑结构牢固性等要素。实木吊顶虽然在乡村风格的设计中比较常见，但是如果要做原木色吊顶的话，要注意房子的层高不能偏低，否则容易在视觉上造成压抑的感觉。

注重绿色环保的乡村风格家居，经常会在空间中融入自然元素，如在家居的顶面上铺贴原木作为吊顶设计。木质吊顶能为空间增添自然宜人的气息，看似简单朴素，却营造出充满温馨感的居住环境，同时也表达出现代人对于大自然的崇敬之情。需要注意的是，木质具有一定的纹路，因此在设计时要考虑到纹路的一致性，同时对阳角要做 45° 的对角处理。

杉木板吊顶设计

杉木板吊顶也是乡村风格中常见的吊顶设计，制作时先要在原顶面的基础上用木工板做基层处理，这样能把顶面找平，然后再把杉木板安装在木工板上。杉木板吊顶的形状排列可根据空间的大小和造型来设计。安装好后可以刷漆，也可以选择清漆以保有杉木板原本的颜色，还可以用木蜡油擦上和整个空间更相配的颜色。

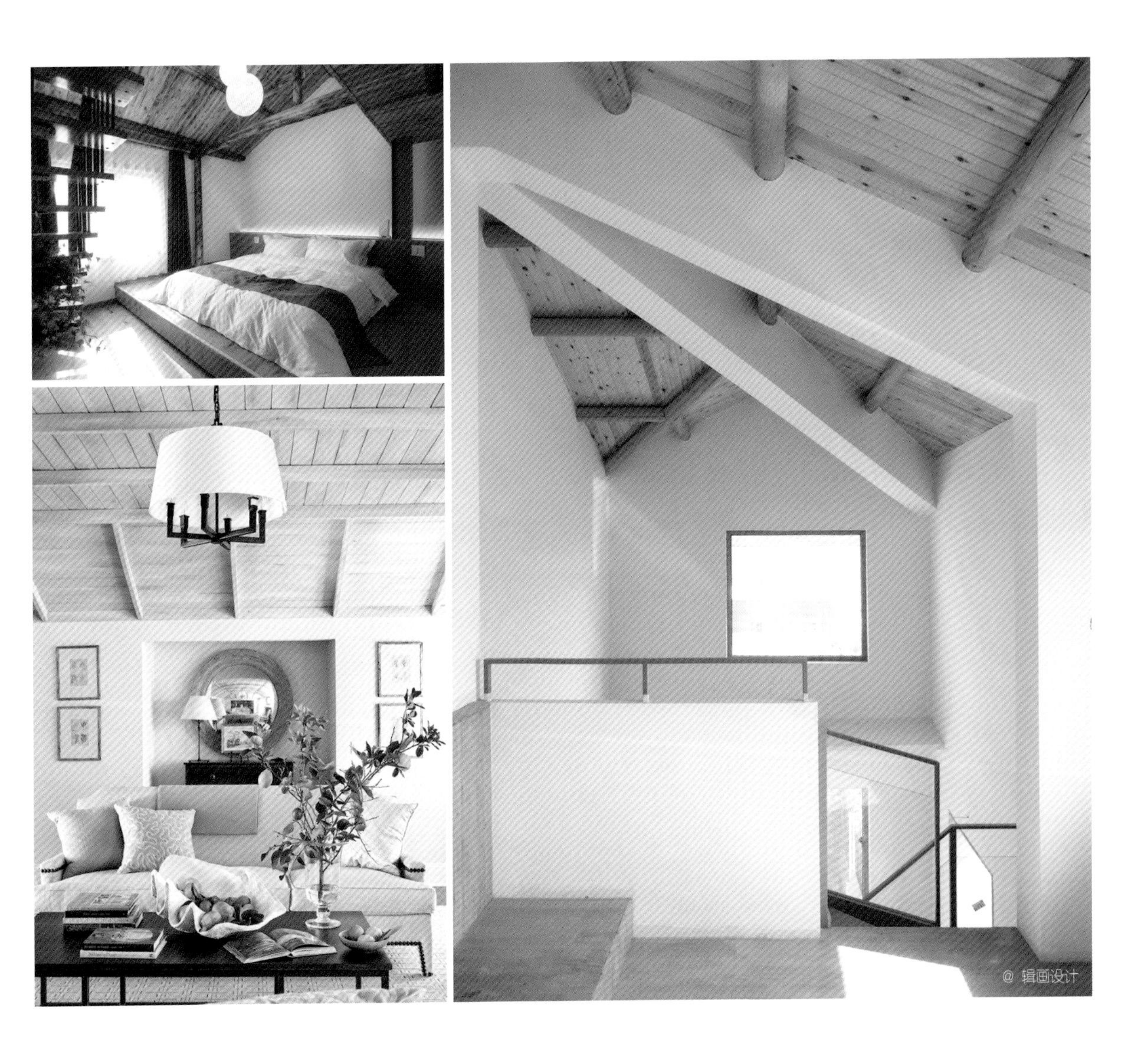

中式风格吊顶设计

不同中式风格的吊顶设计

古典风格的中式吊顶一般以装饰中式花格为主，有棕色、褐色、原木色等木质花格，可以通顶使用或者大面积使用。也可以用中式花格做一圈装饰，中间布置一些具有艺术品位的中式灯饰。新中式风格的吊顶造型多以简单为主，古典元素点到为止即可，平面直线吊顶加反光灯槽就很常见。在吊顶材料的选择上，会考虑与家具以及软装的呼应关系。比如木质阴角线或者在顶面用木质线条勾勒简单的角花造型，都是新中式风格空间常用的吊顶装饰方法。

角花造型和木质吊顶

新中式风格空间常在顶面用木质线条勾勒简单的角花造型，深色的木线条和中式角花搭配在白色的石膏板底色上尤为清晰显眼，也能更好地表现出传统的中式气质。此外，由于木质温润自然的特性，在中式风格的空间中也常用木质造型的吊顶，与乡村风格吊顶不同的是，中式风格的木质造型吊顶颜色相对较深，带给人一种厚重感。

木花格装饰吊顶

在中式风格空间中，将木花格元素融入吊顶设计，可以给整个空间带来浓郁的传统文化气息。木花格装饰吊顶需要在施工时精准计算花格的造型和灯光的位置。

木花格一般都是采用定制的形式，待顶面乳胶漆做好以后再进行安装。所以，在设计之初就要考虑好木花格和要安装的槽口的施工收口问题，一般建议木花格凹进槽口 20mm。考虑到热胀冷缩的因素，木花格与安装的槽口之间应留出一点空隙。

@ 东合设计

线条勾勒顶面

对于室内装饰来说，线条既能为家居勾勒出顶面空间的层次感，起到装饰作用，而且还具备一定的保护作用。

木线条是采用加工性能良好、木质较细的木材，经过脱水处理后压制而成的装饰线条，是中式风格吊顶设计中经常用到的装饰材料。木线条可以买成品免漆的，也可以买半成品的木线条，后期刷上木器漆或者木蜡油擦色。当然木线条的价格要比石膏线条贵不少，如果预算有限，可以不选择价格昂贵的实木线条，而选择科技木。此外，在中式轻奢风格的吊顶装饰中，金色的金属线条是出现频率很高的设计元素，给空间带来高级感。

@ 戴昆设计
思於成

欧式风格吊顶设计

不同欧式风格的吊顶设计

简欧风格的客厅装修设计，造型设计多以简单线条为主，因此吊顶不宜过于复杂。华丽欧式风格的吊顶一般来说需要分两到三层来设计。用吊顶的层次感来和华丽的欧式家具或者造型相呼应。通常在平面直线吊顶之后的顶面会做简单的造型，比如用双层石膏板勾缝，配合反光灯槽来使客厅的空间有延伸感。或者在顶面装饰石膏浮雕，可以使造型更加华丽。

多层线条造型吊顶

在一些欧式风格或新古典风格的客厅中，如果空间的层高足够，那么运用多层线条造型吊顶会是一个不错的选择，可以增加顶面设计细节，从而丰富空间的层次感和立体感。这种造型吊顶可以根据设计要求，变换多种方式，常见以矩形、圆形等规则几何图形和不规则的异形为主。

PARISE VOGUE
INTERIORS
BRITANNICA ATLAS

石膏浮雕的点缀

石膏浮雕多以欧式的艺术风格来展现各种花纹，常有浮雕花样和人物造型，是欧式吊顶装饰中较为常见的元素。其底色大多采用白色、淡色为主，但也时常会有描金、雕花的款式。此外，石膏阴角线和欧式造型框，也是欧式风格空间经常出现的顶面设计元素。特别是在过道或者餐厅局部等空间，这种造型框可以很好地衔接不同区域的造型设计。

金箔或银箔的装饰

欧式风格的吊顶常常会运用铺贴金箔或银箔的装饰手法。金箔或银箔无论从质感上还是色泽上，都有着精美雅致的视觉效果，可以很好地提升空间优雅大方的气质，其反射光线的材质属性也为空间提供了更好的亮度，可以改善室内采光的效果。

金箔或银箔比较薄，表面光滑容易反光，如果底层有凹凸不平或细小颗粒都会影响铺贴效果，因此光滑平整的顶面是铺贴前的基本条件。金箔或银箔除具备普通墙纸的特点外，还具备部分金属的特性，所以不可用水或湿布擦拭，以避免表面发生氧化。

金箔或银箔能给人金碧辉煌、庄重大方的感觉，适合气氛浓烈的场合，整片地用于墙面可能会流于俗气，但适当地加以点缀就能自然地带出一种高贵感。

线条增加吊顶的细节美感

一些装饰得富丽堂皇的欧式风格空间经常会在吊顶中加入一些线条，用来增加华丽感。例如，顶面采用石膏花线描金的方法可以在空间里营造高贵浪漫的感觉，也可以让整体的装饰品质得到极大的提升。需要注意的是，描金装饰不宜过多使用，最好是在需要重点表现的区域上使用。

水晶灯的选择

顶面安装水晶灯在欧式风格的设计中十分常见 。一般来说，水晶灯的直径尺寸由所要安装的空间面积来决定。10~25m^2 的空间可选择直径在 1m 左右的水晶灯，30m^2 以上的空间选择直径在 1.5m 及以上的水晶灯，如果房间过小或者层高较低，安装过大的水晶灯会影响整个吊顶设计的协调性。通常水晶吸顶灯的高度在 30~40cm，水晶吊灯的高度在 70cm 左右，挑空的水晶吊灯高度在 150~180cm。

欧式空间水晶灯的规格都会比较大，自然份量也会很重，在安装这类吊灯时需要注意安装的牢固度，建议最好将其用膨胀螺栓固定在原始混凝土楼板上，否则承重会有一些问题。

家居装饰工艺从入门到精通

第四章 吊顶装饰

SUSPENDED CEILING DESIGN

吊顶设计造型的分类

一个完美的吊顶造型，可以提高这个居室的品质感。吊顶界面造型形式多样，常见吊顶可分为直线、平顶、异形等，不同吊顶形式适用于不同的层高、户型，营造的风格及其各自造价也不一。因此，要根据家居整体风格以及预算等确定吊顶的款式。

@ 郑树芬设计

井格式吊顶

井格式吊顶是利用空间顶面的井字梁或假格梁进行设计的吊顶形式，其使用材质一般以石膏板或木质居多。有些还会搭配一些装饰线条以及造型精致的吊灯。这种吊顶不仅容易使顶面造型显得特别丰富，而且能够合理区分空间，如果空间面积过大或者格局比较狭长，就可以使用这一类吊顶。为净高在 3.5m 左右的大空间设计井格式吊顶时，可以选择造型更为复杂一些的款式，以加强顶面空间的立体感和装饰感。

△ 原木色井格式吊顶

△ 白色井格式吊顶

悬吊式吊顶

△ 悬吊式吊顶营造漂浮感和轻盈感

△ 悬吊式吊顶的饰面层可以设计成不同的艺术形式

悬吊式吊顶是指通过吊杆把吊顶装饰面与楼板之间保持一定的距离，犹如悬在半空中一样，常以各种灯光照射产生出光影的艺术趣味。悬吊式吊顶不仅充分利用了房屋的空间，而且富于变化，能给人一种耳目一新的美感。

悬吊式吊顶的饰面与楼板之间，还可以布设各种管道及其他设备，饰面层可以设计成不同的艺术形式，以丰富空间效果。需要注意的是，在进行这类吊顶设计时，应预留好安装发光灯管的位置，以及吊顶与四周墙面的材质衔接，以达到最为完美的设计效果。

平面式吊顶

平面吊顶是指没有坡度和分级，整体都在一个平面上的吊顶设计，其表面没有任何层次或者造型，视觉效果简单大方。平面吊顶适用于各种风格的家居，尤其是小户型的家居顶面，既能起到一定的装饰作用，也不会显得太复杂，能为家居营造出简单稳重、大气方正的感觉。

用于制作平面式吊顶的材料有很多种，如木质、石膏板材、铝合金扣板等，可根据家居的装饰风格以及使用需求进行选择，也可以使用各种类型的装饰板材进行拼接设计。此外，还可以在平面式吊顶的表面进行刷漆、喷涂、贴墙纸或墙布等装饰工艺。如需在厨房、卫生间设计平面式吊顶，适宜选用铝合金方形扣板，不仅防油烟、防潮，而且在设计照明灯和排烟排气的装置外形时，也更为方便。

△ 平面式吊顶给人简洁大方的视觉效果

△ 平面式吊顶通常适合现代风格空间

灯槽式吊顶

灯槽式吊顶是比较常用的顶面造型，可以为空间氛围起到很好的渲染效果。灯槽式吊顶适用范围较广，如客厅、卧室以及过道等功能区都适合这类吊顶。灯槽式吊顶在施工过程中只要留好灯槽的位置距离，保证灯光能反射出来就可以了。吊顶高度最少为距顶面16cm，一般是20cm，因为高度留太少了灯光透不出来，而灯槽宽度则与选择的吊灯规格有关系，通常在30~60cm。

△ 灯槽式吊顶在营造氛围的同时还具有突出吊顶造型的作用

△ 灯槽式吊顶的常见做法是沿着空间顶面四周做吊顶，并留出灯槽的距离

△ 灯槽式吊顶通过漫发射间接照明打亮整个房间顶面，在视觉上很好地起到了房间增高的作用

折面式吊顶

△ 折面式吊顶施工上相对复杂，但可以营造丰富的层次感

折面式吊顶最大的特点就是表面有明显的凹凸起伏，造型层次更加丰富，制作也比较复杂。由于折面式吊顶凹凸不平的表面可以产生很好的共鸣，满足了声学传播的要求，因此在音乐厅、剧院等场所经常可以看到这样的吊顶设计。如果在家中设计了专门的影音空间，可考虑选择这种吊顶设计。

△ 折面式吊顶凹凸起伏的造型给人以强烈的视觉冲击力

圆形吊顶

△ 餐厅通常选择圆桌与圆形吊顶形成和谐的呼应关系

圆形吊顶一般适合不规则形状或者梁比较多的空间，这样能够很好地弥补格局不规整的缺陷。但圆形吊顶在制作过程中，不仅只是在石膏板上开个圆形的孔洞那么简单。除了石膏板常用的辅材以外，还需要想办法加固圆形，不然时间长了，吊顶的整体结构容易变形。一般会选择用木工板裁条框出圆形来做基层，再贴石膏板，这样做成的圆形会比较持久。

施工时建议将圆弧吊顶在地面上先做好框架，然后安装在顶面上，再进行后期的石膏板贴面，可以简化施工难度。

△ 圆形吊顶在中式传统文化中具有天圆地方的吉祥寓意

◆ SUSPENDED CEILING
◆ DESIGN

异形吊顶

异形吊顶在造型上不拘一格，使用大量的不规则形，例如弯月、扭曲的圆、多角形等。异形吊顶采用的云形波浪线或不规则弧线，一般不超过整体顶面面积的 1/3，超过或小于这个比例，就难以达到好的效果。

△ 流线型的异形吊顶给人极为震撼的视觉冲击

△ 别墅空间中的异形吊顶应用

异形吊顶的制作过程非常考验工人的技艺和耐心。放在地面上施工的时候，应根据事先画好的图纸，用准备好的材料做好造型。施工过程要注意安全，首先必须要固定好，这是最基本也是最重要的要求，保证吊顶安装上以后不会掉下来，然后确保好成品的安全性和完整性后方能安装。

△ 互联网金融办公空间的异形吊顶应用

△ 异形吊顶给空间带来流动的美感

△ 科技元素为主题的办公空间中的异形吊顶应用

△ 儿童房异形吊顶应用

◆ SUSPENDED CEILING
◆ **DESIGN**

跌级式吊顶

跌级式吊顶是指在家居的顶面上打造两层及两层以上的吊顶，并在不同的层面上做降标处理，类似于阶梯的造型，层层递进，款式各异，能在很大程度上丰富家居顶面空间的装饰效果。

由于跌级式吊顶需要做两层级的铺垫，因此对层高具有一定的要求，一般不得低于 2.7m，低于这个层高容易给空间带来压抑感。跌级吊顶多用于装有中央空调的户型，因为中央空调厚度多在 35cm 左右，跌级吊顶能够增加层次感。二级吊顶一般往下吊 20cm 的高度，但如果层高很高，也可增加每级的厚度，层高矮的话每级可减掉 2~3cm 的高度，如果不装灯，每级往下吊 5cm 即可。

△ 跌级式吊顶对于层高的要求很高，并且在设计时应加入灯带制造光影效果

△ 圆形吊顶与弧形墙面的搭配在视觉上极具艺术感与美感

在设计跌级吊顶时，可以通过吊杆的不同长度，使龙骨面的高差产生跌级，侧板固定一般使用大芯板或厚夹板。此外，对于造型比较复杂的迭级吊顶，可以采用木质结构进行制作。需要注意的是，在安装时应增设吊杆予以加固，以防止木质结构变形断裂。

△ 跌级式吊顶结合木线条走边的设计，显得层次感更为丰富

△ 跌级式吊顶适用多种风格的空间，工艺上要比传统的直线吊顶安装起来更为复杂

△ 跌级式吊顶类似于阶梯的造型，适用于大面积的空间

吊顶装饰 第五章

SUSPENDED CEILING DESIGN

吊顶设计难点的处理措施

吊顶装饰是室内设计中很重要的一项内容，首先应确定需不需要做吊顶。有些住宅原建筑房顶的横梁、暖气管道露在外面很不美观，可以通过吊顶设计，掩盖其不足，使顶面空间整齐有序而不显杂乱。其次如果做吊顶，应该考虑选择什么样的造型、颜色、风格等。最后，对吊顶设计的常见难点问题应做到心中有数。

◆ SUSPENDED CEILING
◆ DESIGN

不同户型特点的空间吊顶设计

层高过低的空间吊顶设计

层高过低的户型，可以用石膏板做四周局部吊顶，形成一高一低的错层，既起到了区域装饰的作用，又在一定程度上对人的视线进行分流，形成错觉，让人忽略掉层高过低的缺陷。其次，利用镜面、玻璃等高反光材料装饰吊顶，可有效地拓宽人的视觉感受，提升视觉层高。另外，还可以借助环境光源的辅助，增强石膏板吊顶在空间中的装饰效果。比如在设置了主照明的基础上，还可以在吊顶的内侧增设灯带，让光线从侧面射向墙顶和地面，丰富整个区域空间的光影效果，能在视觉上增加空间的高度。

△ 通过设计吊顶降低了过道顶面的高度，无形中抬高了客厅空间的高度

△ 一高一低的局部吊顶隐形划分区域，同时改善了层高过低的缺陷

△ 利用竖条纹与灯带照明拉升空间的视觉层高

△ 利用镜面、玻璃等高反光材料的装饰提升空间高度感

△ 建筑原顶 + 轨道射灯的设计形式表现工业风格的同时，让空间显得更高更宽敞

小面积空间的吊顶设计

小面积的空间不建议做复杂的吊顶，可以对吊顶进行适当装饰。例如把吊顶四周做厚，而中间则薄一点，形成立体鲜明的层次，这样就不会感觉那么压抑了。如果空间面积实在是太小，顶面也不是很大，选择围着顶面做一圈简单的石膏线或者采用石膏板挂边也是一种很实用的方法。有些空间本身有相对完整的横梁，打掉是不可能的，如果不做处理线条太过生硬，可以在横梁衔接处添加一层围石膏边造型。

△ 小户型吊顶的造型以简洁为原则，在形成立体感的同时避免给人以压抑感

△ 小户型的吊顶设计以简洁为原则，石膏顶角线和石膏板挂边都是常用的设计手法

△ 小户型可选择不做复杂的吊顶设计，以导轨射灯结合明装筒灯的形式作为空间的主要照明

弧形的吊顶设计

有的户型顶部空间比较特殊，因此在吊顶造型上会运用到很多弧形的设计。如圆形、波浪形或一些不规则的曲线造型，视觉效果动感时尚。弧形吊顶通常采用轻钢龙骨和石膏板制作，适合层高一般的空间。

在施工过程中，弧形吊顶根据弧度打好龙骨后，不要急着上石膏板，应该先用木工板开多个小槽，做成同样的弧形，进行加固衬底，之后再上石膏板。这样制作手法能让石膏板不会因为时间长久而开裂、变形，还可以让弧形吊顶显得更加精致美观。

△ 弧形吊顶的设计让原本硬装相对简洁的空间显得灵动起来

△ 圆弧的造型不同于传统的圆形吊顶，形式上更为活泼

△ 弧形吊顶与暖光灯带的设计活跃了狭长过道的氛围

复式住宅顶层的吊顶设计

由于建筑的外观设计，使得很多别墅或者复式住宅顶层的顶部都是一些异形的，因此有很多业主会把顶面空间处理成平面。其实保留建筑本身的特点，依式而做的顶面会很大气，更有空间感，例如可以按照原结构顶的形状做木梁装饰。工艺上是把木工板做成木梁的框架，外面贴饰面板或木塑型材，也可用松木指接板或者橡木指接板，再根据要求擦成想要的油漆颜色。

△ 复式住宅顶层的吊顶设计

△ 浮雕石膏板增加顶部的装饰感

△ 井格式吊顶 + 金箔纸的设计

△ 墙面 + 深色木梁表现中式的静逸之美

△ 特有的拱顶室内形态形成空间的视觉焦点

斜屋顶的吊顶设计

设计斜屋顶吊顶时，首先应考虑使用功能，比如斜屋顶各点的标高、开门窗的位置、方向、顶面的隔热保温状况以及整体的空间装饰等，然后根据需要将顶面设计成各种不同风格、形式的造型梁。如欧式风格的顶面以石膏造型为主；中式风格的顶面，常以木质几何形装饰梁组合；现代风格则可以采取纯自然的原木做成屋顶的造型梁。此外，建议尽量保留多变的空间风格，不要全做平，以保持顶面的个性设计。

△ 斜屋顶的吊顶设计

斜顶的最低处可落在 240cm 处，最高处不可太高、太斜。为了避免阴暗面出现视觉死角，在尖顶区最好开设天窗或是特殊照明。在较低处的吊顶与人平视的视线高度区，可运用人工光源设计出静谧的气氛。

△ 采用木饰面板作为斜顶的装饰主材

△ 杉木板吊顶结合老虎窗的设计

△ 跌级式的造型形成由低点到高点的平缓过渡

△ 石膏板结合深色木梁形成对称的设计造型

客餐厅同处一个空间的吊顶设计

客餐厅一体式吊顶设计

很多小户型公寓房的户型结构，大都是餐厅与客厅处在同一个空间的设计，在进行吊顶设计的时候，考虑到整体效果，通常会采取餐厅与客厅一体吊顶形式，这样可以使整个餐厅和客厅空间成为一个有机的统一整体，增加室内的视觉空间感，同时还更加方便施工，节省装修费用。需要注意的是，这类吊顶在造型上不宜太过复杂，否则会给空间带来压抑感，同时吊顶的颜色最好和墙面颜色一致。

△ 客厅与餐厅连成一体的吊顶造型宜简洁，过于复杂的造型会给人以压抑感

△ 客餐厅一体式的吊顶设计还应注意两个空间墙面造型的呼应

△ 餐厅与客厅的吊顶连成一体，有效放大整体的空间感

利用吊顶分隔客餐厅空间

有些客餐厅之间没有间隔，而且面积较小不好摆放家具，这个时候可以利用吊顶做出间隔效果。最常见的有两种方法：一是直接在空间分界的地方用明显的吊顶造型或线条进行分隔，这种方法简单明了，分区明确；另一种就是用吊顶造型配以不同的软装方法来布置，比如两个相邻空间的吊顶可以是方形和圆形的搭配，或是一高一低不一样的层次，又或是使用不同的材料和颜色，从而划分出两个不同的区域。

△ 利用客餐厅中间的吊顶造型实现两者的分区

△ 通过吊顶材质差异划分客餐厅空间

为了让空间更加通透，很多小户型家居的客餐厅之间往往不设隔断。在这样的室内空间中，可利用吊顶的高低落差在视觉上划分空间，而且能为空间增添一定的艺术感与层次感。但这种设计手法对空间的层高要求较高，如果层高不足，被抬高的区域会让人觉得很压抑。

空间顶面出现横梁的吊顶设计

局部吊顶的设计形式

很多横梁的修饰需要通过局部吊顶来实现，但很多人对吊顶比较排斥，认为吊顶会增加装修费用，而且会造成房间室内高度降低，显得压抑。实际上，只有依照横梁的高度整体吊平才会致使房间高度降低，而大部分修饰横梁的吊顶方案都采取的是局部吊顶方式，所以不用过于担心房高。专业设计师会利用吊顶使空间变得富有层次感，做完吊顶后，再通过灯光的配合，局部的低，有时反而会显现出整体的高来。

△ 利用局部吊顶弱化房间横梁最常用的设计手法，巧妙转移人的视觉注意力

△ 利用欧松板材料装饰局部吊顶，再用多个导轨射灯给空间带来多角度的光影变化

餐桌上方横梁的虚化法

餐桌上方有横梁是很多公寓住宅存在的难题。如果横梁又宽又深而且位置突出，为了餐厅整体的美观，会顺着横梁做一边的封顶。对于面积较小的小户型来说，比封顶更好的做法是虚化。首先，如果这个横梁又宽又深，不妨在横梁周边做一些渐进式的层次进行弱化，更多的把它看成是一个独特的造型；其次，如果横梁的跨度较大，做造型工程量太大，那么也可以考虑一下隐藏法。隐藏法并不是完全封顶，而是用层板压梁，配合间接灯光，就可以轻而易举地虚化隐藏住横梁。

△ 餐桌上方的横梁通过隐藏法的设计方式进行虚化，与墙面造型形成了和谐的呼应

△ 餐厅上方出现横梁，可顺着横梁在旁边做几根同样大小的装饰梁，形成一个整体的装饰造型

客厅出现横梁的两种处理方式

如果客厅横梁多且深，直接把整个顶面封平的话，会让空间显得过于压抑，可以根据实际情况进行设计。一种是建议以沙发为中心，向客、餐厅两侧做出层次性的升高设计。为了减少压迫感，可以选择低背沙发，开阔空间视野；另一种是如果客厅处的横梁刚好处于电视背景的前方，可在吊顶设计中加入间接的灯光照明，虚化压梁。同时在电视墙面顶部增加镜面装饰，改善采光的同时又可以化解横梁的压迫感。

△ 凹凸起伏的吊顶造型不仅化解了横梁的压抑感，而且给人以流动的视觉美感

△ 直接在客厅横梁的基础上增加木饰面板的装饰，与北欧风格的空间中其他木质材料相呼应

△ 井格式吊顶同样可以把横梁化于无形，但适合一定层高的房间

△ 在客厅有横梁的吊顶设计中，间接照明可以起到很好的虚化作用

不同面积玄关的吊顶设计

小户型玄关不适合做复杂的吊顶设计，可以在顶面安装一盏特色的灯具，抬头另有一处惊喜。大户型玄关的面积比较充裕，通透性好，所以吊顶的样式稍微复杂一些也不影响，不用担心让空间变压抑的问题。

△ 小户型玄关不适合太过复杂的吊顶，石膏板造型与筒灯的组合是比较常见的选择

△ 面积较大且具有一定高度的玄关空间可设计迭级吊顶丰富顶面的层次感

△ 大户型玄关设计圆形吊顶与地面拼花造型相呼应，带有团圆美满的吉祥寓意

如果玄关呈正方形，吊顶可以做比较方正的样式，四周吊顶中间不吊顶，这样在吊顶的中心安装上吊灯以后，和地面相对应，形成很妙的视觉效果。

如果是狭长形玄关，本身就很像过道，特别注意高度宜适中，设计时也可以选择和正方形玄关相同的造型。此外，也可将玄关和客厅的吊顶结合起来考虑。如果客厅选择石膏板吊顶加反光灯槽的设计，那么玄关吊顶也可以选择相同的造型。

如果玄关处出现横梁影响美观，可以做一层造型简单的吊顶，装上嵌入式的小灯，刚好对应玄关的位置，使空间更有层次感，同时又可以化解横梁影响美观的问题。

△ 狭长形的玄关吊顶可考虑与客厅的吊顶相结合，选择同样造型的吊顶设计

△ 呈正方形的玄关空间适合设计与之相呼应的方形石膏板吊顶

△ 把玄关处的横梁与墙面刷成同一个颜色，增加视觉开阔感

狭长形过道的吊顶设计

现在很多户型的客厅、卧室等在南向，卫生间、厨房是北向。这样的布局，容易在室内形成狭长的过道，非常浪费面积，吊顶也不太好设计。在为这种狭长型过道进行顶面设计时，一定要注意吊顶和地面的呼应，不能各做各的，要有融合全局空间的观念。此外，搭配灯带的设计，也是这种狭长型吊顶的装饰技法之一。不仅视觉效果突出，而且灯光的运用可以在视觉上拉宽过道的宽度。

狭长型的过道具有压抑感和采光差两大缺陷，可以通过延伸状吊顶设计，制造转角的美好，给人期待感。例如在吊顶中留出一条直线，具有引人入胜的感觉，转变了视觉的焦点；也可以采用方格状的石膏板吊顶，使得视觉随着顶面延伸，以此为中轴，引开两边空间的景观。此外，要注意狭长形过道的吊顶最好使用比较浅的颜色，如果吊顶的颜色比地面还深的话，不仅会给人感觉上重下轻，而且会显得更加压抑。

△ 狭长形过道在设计吊顶时应注重与地面拼花图案的呼应，这样才能形成整体的美感

△ 灯光的运用可以在视觉上拉宽过道的宽度

△ 利用局部吊顶的形式，在不影响空间通透感的同时把过道区域独立出来

△ 狭长形过道的顶面设计不同的吊顶造型，方圆之间彰显中式文化的内涵

△ 在室内形成狭长的过道通常缺少自然采光，所以吊顶应采用比较浅的颜色

△ 在吊顶中留出一条直线，具有视线引导的作用

安装中央空调的吊顶设计

中央空调的内机在安装时，一般会尽可能的贴近屋顶面，以减少对层高的影响。吊顶高度一般在中央空调内机的厚度基础上增加 5cm 左右，假如使用的空调厚度是 19.2cm，那么吊顶高度大概是 24cm。此外，也可以让吊顶配合空调进行设计。由于中央空调的出风口在上部，回风口在下部，若将空调安装得过高，容易导致冷空气还没沉降到房间下层空间，就被空调吸回了，因此空调并非越高越好，还应注意气流的问题。

△ 圆形吊顶把中央空调纳入其中显得十分和谐，但应注意排风口的面板要相应订做成圆弧型

△ 层高较低的空间可选择侧出侧回的送风方式，吊顶高度一般根据中央空调内机厚度而定

中央空调的风口都是和空调机器平行的，所以空调的安装高度和风口的高度是呼应的。一般出风口的高度是 220mm 左右。有些复杂的吊顶需要在阴角的地方走些线条，有时还会上下走几圈线条，这时空调进场安装时就要提前把这个高度空出来。一般应与顶面空出 3~5cm 的距离，这样做完吊顶后，空调出风口的上方可以安装 7~8cm 的阴角线。有些吊顶会在出风口的地方安装灯带，这时也需要和安装空调的工人提前沟通，把灯带的位置预留出来。

家庭影音室的吊顶设计

影音室需要做一些专业隔声吸声材料进行声学处理才能保证房间内的声音。一般用于影音室顶面的吸声材料主要有木质槽条吸声板和吸声软包。此外，如果影音室的吊顶部分有悬挂音响设备，就需要在吊杆跟楼板的连接处加装减震器，防止音响低频振动声音通过吊杆往楼上传播。

△ 石膏板造型加金箔纸的饰面

△ 石膏板造型加暖光灯带的设计形式

影音室的吊顶在水电施工的时候就要预留好设备线路，比如投影机的电源线、网络线等，如果是环绕音响，也要在安装音响的位置预留线路，另外，安装投影的空间尽量不要用吊灯。

△ 呈台阶造型的石膏板吊顶设计

△ 凹凸不平的雕花顶面

△ 具有良好吸声效果的布艺硬包

△ 呈跌级造型的井格式吊顶

△ 呼应空间风格主题的装饰木梁造型

△ 局部木饰面吊顶 + 暖光灯带的设计造型

星空吊顶又称光纤满天星星空顶，是家庭影音室中常用的吊顶设计，以其时尚前卫，深具个性魅力的独特效果，实现了科技与艺术的完美结合。星空吊顶的做法很简单，只要顶面整体吊平顶，在吊顶内部安装光源控制器和光纤，在吊顶上打小洞，将光纤穿过来，最终完成后贴顶剪短，通电后就是星空顶面了。目前星空顶普遍采用的材料是光纤灯，光纤灯色彩变化丰富而且可以制作成多彩多式的星空图案，营造出色彩变幻、高贵典雅、华美浪漫的气氛。此外，光纤本身的使用寿命在 20 年以上，施工和保养均简易方便，若遇搬家，还可以拆卸后在新居中再次重复使用。

△ 星空吊顶

家居装饰工艺从入门到精通

吊顶装饰　第六章

SUSPENDED CEILING
DESIGN

吊顶装饰工艺
细节解析

吊顶装饰的工艺有很多种，并且同一个吊顶造型，每个工人师傅都会有自己独特的处理方法。但吊顶施工时还是需要遵守一定的原则，例如除了注意防火之外，吊顶需要承受灯具、风扇等重物，所以必须有一定的承重力。所以想要将吊顶打造得更好，就要对装饰工艺了解得更清楚，才能够为家居空间带来更完美的效果。

木质材料在吊顶设计中的应用

预留出尺寸为 5~8cm
的灯槽安装位置

工艺解析 - 木制材料 · 001

床头墙背景与吊顶连成一体的设计

1. 在现代风格的卧室空间中采用床头背景与吊顶一体式的设计方式，加以暖光灯带的点缀，凸显空间的个性感和立体感。木饰面板与白色涂料的结合，增加空间色彩的对比度。

2. 在制作墙面与吊顶一体式的造型时，需先用木工板进行打底，再粘贴木饰面板。在木饰面板的阳角拼接时，建议采用 45° 的拼接方式更能凸显工艺的精细。墙面背景与顶面吊下来的尺寸必须一致，预留出墙面背景与顶面灯槽的安装位置，尺寸上一般建议 5~8cm 为宜。

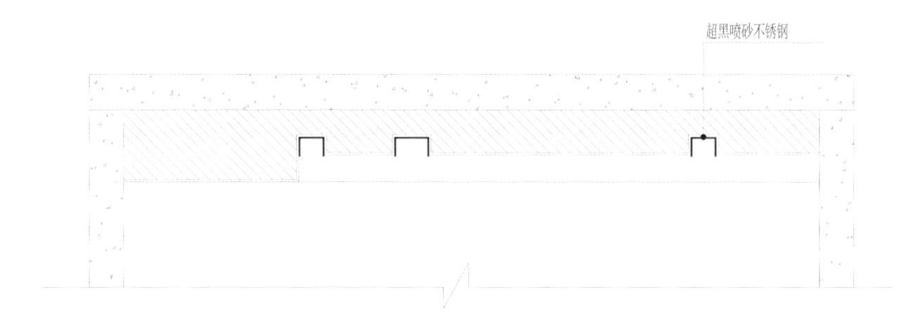

吊顶施工节点图

工艺解析－木制材料 · 002

木饰面板与不锈钢槽盒结合的吊顶造型

❶ 现代风格的客厅吊顶的平面部分采用大面积橡木饰面板的装饰，与地面地板相呼应。再结合大小不一的黑色哑光的不锈钢槽盒进行点缀，两者形成质感上的强烈对比，彰显出别具一格的空间氛围，提升了空间的线条感与层次感。

❷ 安装橡木饰面板需先用实木多层板打底，再用万能胶进行粘贴。镶嵌黑色哑光不锈钢槽盒与木饰面相结合，一方面为了更好地把空调出回风口隐藏其中；另一方面，由于木饰面板的板材规格尺寸有限，安装槽盒可以更合理地划分板材，让木饰面板形成更好地过渡与拼接收口。

工艺解析 - 木制材料 · 003

顶面铺设大面积地板的工艺

1. 现代与复古风格相结合设计的空间中，顶面采用灰色的木地板进行客餐厅空间的连接与装饰，增加空间的整体性。在光源的处理上采用黑色细长的轨道灯进行点缀，与顶面的地板相呼应同时增加空间的线条感。

2. 空间顶面采用大面积灰色地板进行铺贴装饰，显得个性十足，但因为地板的颜色较深，所以空间的整体层高不应低于 300cm，否则容易产生压抑的空间氛围。在顶面铺贴木地板时，需先用实木多层板打底，再用汽钉与胶水双重结合的方式进行安装，以便保证牢固度。

工艺解析 - 木制材料 · 004

满铺原木色木饰面板的日式风格吊顶

1. 在日式风格的空间中，顶面采用原木色的木饰面板进行装饰，体现干净简洁的装饰氛围。木饰面板的错缝拼接和顶部侧面的一圈围边，结合顶面的白色石膏板衬托，间接拉升了顶面空间的视觉感受，彰显空间的雅致情调。

2. 安装原木色的木饰面板时，需先用实木多层板进行打底，再用万能胶进行粘贴。由于顶面的木饰面板是整体满铺的设计，所以应注意木饰面板到四边的收口。侧面的一圈粘贴木饰面板，一方面为了拉伸顶面的空间感，另一方面是对满铺的木饰面板起到一个收口的作用。

在制作石膏板吊顶时就应把
木梁穿插其中一起进行固定

工艺解析 - 木制材料 · 005

等距排列的木梁与草编墙纸结合的造型

1. 复古风格的卧室空间顶部呈斜面状，为了呼应整体风格，在设计吊顶时把显现天然节疤的木梁按等距离进行排列，并采用个性独特的草编墙纸衬底，给人一种回归自然，返璞归真的感受。

2. 等距排列的木梁凸显空间的层次，施工时应注意木梁与顶面结合的牢固度。需在制作石膏板吊顶时，把木梁穿插其中一起进行固定，一方面增加木梁的牢固度，另一方面使得顶面与木梁之间的收口更紧密。

工艺解析 - 木制材料 · 006

富有立体感的三菱锥造型吊顶设计

1. 卧室空间根据立体几何图形的三棱锥设计吊顶，让顶面的立体感得到升华。在斜面上粘贴草编墙纸，增加顶面的肌理感。错落有致的细小实木线条的装饰，增加了空间的线条感，融合灯光的点缀，给整体空间营造出温馨舒适的氛围。

2. 吊顶中加入错落有致的实木线条，丰富顶面的装饰效果，需注意线条的尺寸一般控制在 4~6cm 效果较好。需要在四面交汇的锥形吊顶中安装吊扇灯时，需增加一个平顶面。大部分吊扇的底座都是圆盘式的，需要事先预留好管线，增加一个平面的安装空间，方便后期施工。

工艺解析 - 木制材料 · 007

阶梯式的红木板吊顶造型

❶ 由于是顶层空间，顶面有斜坡且层高较高，所以采用红木木板进行阶梯式的装饰，层层递进的顶面空间凸显别出心裁的质感和个性。吊顶的边口镶嵌一圈实木雕花隔断，结合实木线条的收口，让空间显得更有线条感。

❷ 顶面在用木板包裹工艺制作时，需先用实木龙骨结合实木多层板打底，工厂定制红木板与木雕花进行饰面。在表面的处理上加以线条进行固定，一方面与木板进行纵横交错，突出空间的线条感，另一方面增加了木板的牢固度。

工艺解析 - 木制材料 · 008

木梁规律铺设的斜顶造型

❶ 顶面采用梯形状的石膏板造型结合规律性铺展的木梁装饰，增加空间的线条感与视觉冲击力。中央空调出风口的融于吊顶造型的处理手法，凸显设计的细腻与统一。在灯光的衬托下，斜面顶部的造型很好地拉𠂆了空间的层次感。

❷ 顶面采用等距排列的木梁进行装饰，当空调出风口与木梁两者相冲突时，需注意吊顶造型与空调设备的协调性，根据设备的需求满足顶面空间。木梁的规律铺设需要注意其规格大小，一般建议 10~12cm 的比例更为协调。木梁固定时除了与顶面线条进行正常拼接之外，需采用汽钉与万能胶相结合的安装方式，增强其牢固度。

射灯应在木雕花安装结束后再进行开孔安装，避免射灯的孔位与木雕花发生冲突

工艺解析－木制材料 · 009

满铺木饰面板结合木雕花的装饰

1. 休闲区的顶面采用木饰面板进行满铺装饰，与白色的石膏板吊顶形成色彩上的深浅对比，拉伸顶面空间的视觉与层次。木雕花的点缀让空间更显精致与高雅，在灯光的衬托下显得格外温馨。

2. 木饰面板安装时需先用实木多层板打底，再结合木雕花进行点缀。由于面积较大，需分块定制安装。注意木雕花接缝处的拼接，需在定制时预留共用一个侧边进行无缝拼接，以达到更佳的拼接效果。在格子中加入射灯进行照明，需计算好位置尺寸，在木雕花安装结束后再进行开孔安装，避免射灯的孔位与木雕花发生冲突。

横梁需在制作石膏板基础时进行安装固定，确保牢固度

工艺解析 – 木制材料 · 010

卯榫结构传统工艺的木质吊顶造型

1. 顶面采用大小不一的实木横梁进行有规律的组合装饰，结合木饰面板以及卯榫结构传统工艺的拼接安装，通过灯带的衬托，显现出木纹的质感。整个吊顶造型既凸显了传统工艺的精湛与特色，又营造出自然质朴的独特视觉感。

2. 为了使顶面牢固，横梁的固定需在石膏板基础制作时进行安装，两侧的木饰面板增强了空间的层次，安装时应先用实木多层板打底。与石膏板之间的 90° 角处，需根据木饰面板的厚度，用石膏板制作好比木饰面板凸出 1~1.5cm 的裁口，把木饰面板凹进去，以达到两者之间的完美层次关系。

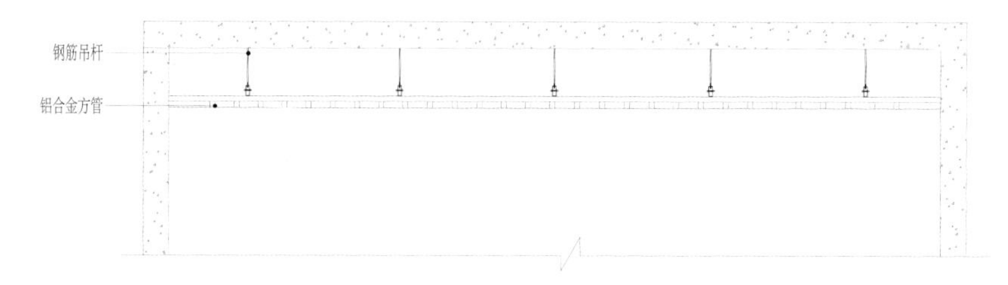

吊顶施工节点图

先根据顶面空间的大小定位中心点，然后等距地向四个角进行扩散

工艺解析 - 木制材料 · 011

从中心向四个角扩散的木质铝方条造型

1. 现代风格的展示空间顶面用黑色涂料进行原顶面喷黑后，再用木质铝方条制作成以一个中心向四个角散发式的造型，形成跌宕起伏的立体效果，增强了空间顶面的视觉冲击力与线条感。

2. 现代风格的展示空间顶面设计中，用黑色涂料进行原顶面喷黑后，运用木质铝方条制作个性化的拼接效果，这类吊顶需根据顶面空间的大小先定位中心点，再用吊筋调节顶面高度，然后等距地向四个角进行扩散。注意 90° 拼接的位置需要进行 45° 的拼角处理，更显工艺的精细。在木质铝方条的选择上需注意规格大小，一般根据顶面所塑造型的大小，建议选择宽 8cm × 高 12cm 规格的效果更好。

工艺解析 – 木制材料 · 012

纵横交错的木质装饰梁造型

1. 挑高的现代风格空间中融入了一份自然的质朴，纵横交错且错落有致的横梁营造顶面的层次与线条，在白色石膏板吊顶上嵌入射灯的点缀，体现顶面点线面的融合。由于原顶的横梁比较宽，所以在设计上利用木饰面板对横梁进行包裹装饰，进行弱化的同时保证了风格上的统一。

2. 横梁采用木饰面板进行装饰，需先用实木多层板打底，再用万能胶进行粘贴安装。在设计挑高空间的空调设备时，中央空调的风口通常采用加长风口进行装饰，以延伸空间的视觉感，但要注意加长风口部分的底部需采用黑色涂料进行涂刷后再进行安装，以保证视觉的统一性。

主梁的宽度尺寸约为35~40cm，
并采用卯榫结构的工艺进行安装

实木装饰梁与木方结合的吊顶造型

1. 休闲空间的中式复古尖顶采用实木装饰梁按卯榫结构进行安装，凸显精湛工艺的同时，呼应整体空间的风格元素，营造中式风格的雅韵。纵横交错的木方层峦叠起，增强空间层次感的同时，展现出自然质朴的韵味。

2. 吊顶造型采用木结构的装饰梁结合大小不一的木方进行制作，其中主梁的跨度较大，需注意其规格以及工艺的把握，建议宽度尺寸在35~40cm较好，且采用卯榫结构的工艺进行安装。选材时需采用烘干的木质材料，干燥度较高的木料能保证结构的稳定性，防止变形后对美观度以及牢固度造成影响。

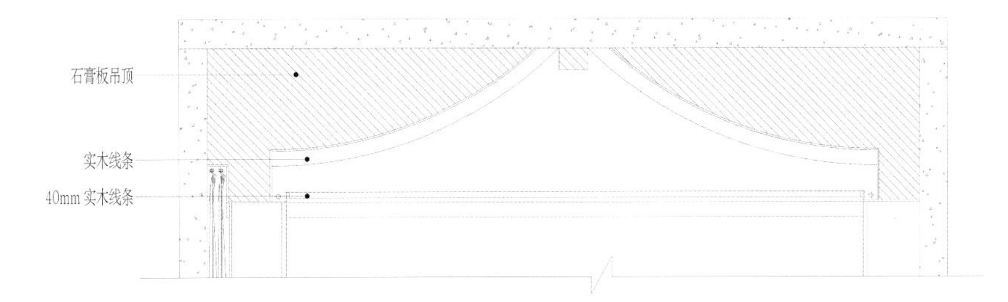

吊顶施工节点图

工艺解析 - 木制材料 · 014

弧形木梁装饰的对称式尖顶造型

1. 卧室空间顶面采用对称式的尖顶设计，结合弧形的木梁进行点缀，营造一种自然质朴的质感与优雅氛围。木梁在色彩上与白色底板形成反差，增强对比度的同时，凸显顶面空间独具匠心的工艺。围边吊顶沿口结合一圈实木线条进行妆点，拉升顶面空间的层次。

2. 弧形的木梁凸显顶面的曲线美，施工时需采用木工板根据弧形顶面手工裁切进行制作，然后采用深色木饰面板进行粘贴。安装围边吊顶沿口结合一圈的实木线条时，需注意线条的大小尺寸，一般 6~8cm 为宜，视觉感官更佳。

→采用钢结构做基础框架
→用木工板进行打底
→用作旧的木饰面板贴面

工艺解析 - 木制材料 · 015

圆形框架内加入井字格实木梁的装饰

1. 客厅空间用复古的设计手法，圆形吊顶采用圆弧形实木线条进行点缀，凸显空间线条的弧线美。在圆弧框架内采用井字格实木梁进行装饰，表面做旧的工艺与整体风格形成和谐的呼应。

2. 在制作井字格时，由于整体木梁全部脱离原顶面进行安装，所以需采用钢结构做基础框架，确保顶面的安全性与牢固度，然后在钢结构的基础之上再用木工板进行打底，最后用做旧的木饰面板进行包裹即可。

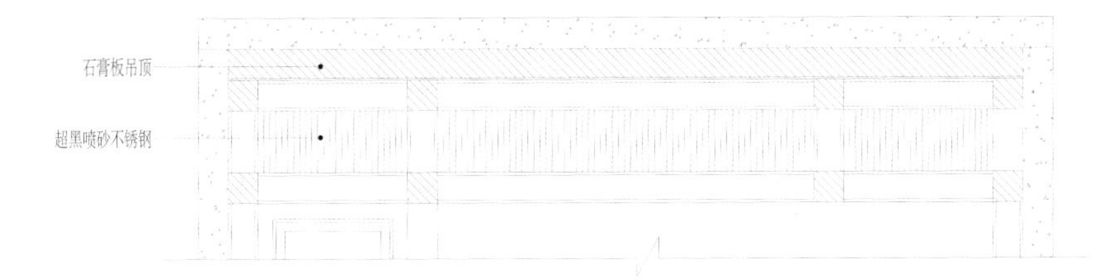

吊顶施工节点图

工艺解析 - 木制材料 · 016

双层穿插式的木梁造型

1. 客厅的顶面采用错落有致的双层穿插式木梁进行装饰，给空间带来原生态的自然气息。侧面边采用竖条纹的百叶金属条进行点缀，呼应整体装饰风格的同时，增强顶面空间的层次感。

2. 双层穿插式的木梁可采用钢结构做基础框架，然后用木工板对木梁和立柱进行包裹打底后，定制做旧的成品木饰面板进行粘贴。在阳角处采用实木圆弧线条进行收边，线条的规格根据打底木工板的厚度进行定制，宽度通常在 4~6cm 为宜。

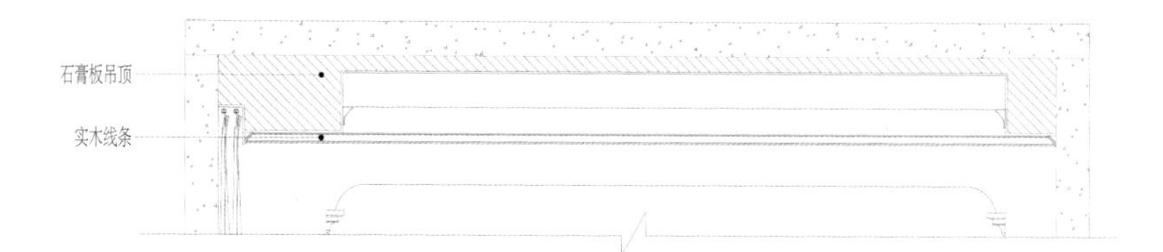

吊顶施工节点图

工艺解析－木制材料 · 017

深色木梁与白色竖条木板结合的吊顶造型

1. 美式复古风格的客厅顶面采用规律排布的深色木梁与白色竖条木板进行装饰，并在吊顶的底部增加围边的一圈实木线条，让顶面与墙面进行更好地过渡和呼应。深色木梁的装饰让空间顶面的对比度增强，同时与白色木板交错的造型增加了空间的层次。

2. 本案的中央空调安装在靠窗帘的一侧，为了美观性，预留了长条的空调回风口，出风口则需根据空间顶面木梁的间距合理安排，避开木梁的位置。另外应注意内机的宽度一般为65~75cm，所以吊顶需要根据内机所需的尺寸合理设计吊顶的比例。

木方条的宽度尺寸
约为 6~8cm，
保证视觉感官的舒适度

工艺解析 - 木制材料 · 018

按卯榫结构拼接的实木装饰梁与立柱框架

1. 大堂空间的顶面为了营造复古氛围，加入更多实木元素的装饰，塑造更好的设计品质和别有一番韵味的自然感触。设计时采用穿插式的实木装饰梁与立柱框架以及大面积的木方条进行装饰，呈现出层层递进的视觉感之外，也增加了顶面空间的层次感。

2. 营造复古氛围的实木装饰梁与立柱，需注意采用卯榫结构的拼接方式凸显出工艺的精湛，平顶面的木方条装饰，需注意其间距的尺寸，应与射灯的规格大小相协调。在这个吊顶造型中，顶面木方条的大小决定了视觉感官的舒适度，一般宽度尺寸建议在 6~8cm 为宜。

木饰面板在安装时需预留出3~5cm的拼接缝，
并且用硅胶收口

对称式的木饰面板尖顶造型

1. 卧室空间的顶面采用对称式的尖顶设计，保持原有顶面的独特空间感，结合暖色木饰面板的装饰，让空间更具温馨感的同时，提升整体空间的设计品位。木饰面板之间的接缝处预留勾缝并采用黑色硅胶进行填补，让木饰面板形成更好地过渡之外，拼接缝的刻画凸显出空间的线条感。

2. 空间顶面采用木饰面板进行装饰时，需先用实木多层板打底，再用万能胶进行粘贴。由于板材规格大小的局限性，当安装大面积的木饰面板时，需注意合理均分木饰面板的尺寸，尽量减少浪费。为了防止木饰面板的收缩变形，在拼接时，需预留一定大小的拼接缝并且用硅胶收口，留缝的尺寸一般建议在3~5cm为宜。

吊顶装饰中常见的石膏板造型

工艺解析 - 石膏板造型 · 001

利用不同造型的吊顶区分客餐厅空间

1. 客餐厅连在一起的平层空间中，顶面通常采用不同的石膏吊顶进行区域划分。造型简洁的吊顶搭配石膏线条进行点缀，与家具形成呼应，增加层次感的同时也让空间的整体性更强。

2. 石膏板吊顶需用多层板打底，在吊顶的侧面安装石膏线条，需要在施工时预留出线条的位置。由于石膏线条通常采用 45° 的斜面粘贴，所以应预留出 90° 的斜面口进行安装，粘贴时平角处采用 45° 拼接的方式会更加美观。

石膏雕花应在平整度较好的顶面
使用专用的石膏粘贴剂进行固定

工艺解析 – 石膏板造型 · 002

石膏雕花在吊顶设计中的应用

1. 现代风格的卧室空间采用平顶的设计，在床的上方的顶面加入石膏雕花的装点，结合人字拼花的地板，增加了空间的层次感。

2. 在现代装饰空间中，石膏制品在顶面的使用较为常见，把石膏雕花粘贴在顶面上，应在墙面批嵌、修整完成后进行，防止因为原吊顶的不平整从而影响到石膏雕花安装的平整度，然后使用专用的石膏粘贴剂进行固定，顶面中间圆形的大小根据现场放样进行开模加工制作。

重叠部分的顶面灯槽不应小于 15cm，
这样才能保证灯具的安装位置

工艺解析 – 石膏板造型 · 003

叠层阶梯式吊顶造型设计

1. 公共空间的大堂顶面通常采用简洁的设计语言来表达，本案的吊顶采用叠层台阶的方式，阶梯式错落的造型设计与大理石背景墙相呼应，让空间的设计延续且协调统一，再结合冷白灯光的点缀，使得空间的层次更加鲜明。

2. 叠层阶梯式的吊顶设计需要在一定层高的空间中实施才不会显得压抑，建议每块之间的跨度不要过大，这样可以更好地凸显层次以及递进关系。此外还需注意重叠部分的顶面灯槽不应小于 15cm，以便后续的施工作业以及灯具安装。

为了保证视觉上的舒适感，
圆弧形吊顶的下垂高度不宜超过周围方形吊顶的下垂高度

工艺解析－石膏板造型 · 004

吊顶造型的方圆之道

1. 搭配圆桌的餐厅空间在设计时通常会选择圆形吊顶或者灯具进行呼应，让空间的整体性更协调。本案在长方形的吊顶造型中增加了一个圆弧形的石膏板吊顶造型，结合同样形状的金属吊灯，增加层次感的同时又与家具形成了上下呼应。

2. 餐桌上方的外凸圆弧形吊顶需要采用木龙骨加木工板手工裁切成圆弧形打底，用石膏板分段裁切后，采用白胶粘贴，再用自攻螺丝固定，需要注意圆弧形吊顶的下垂高度不宜超过周围方形吊顶的下垂高度。

工艺解析 - 石膏板造型 · 005

中式回纹纹样的吊顶造型

1. 餐厅空间的石膏板吊顶呈中式回纹纹样的造型，长条式的水晶吊灯与轻奢风格家具相呼应，结合深色的墙、地面装饰，彰显出空间厚重感的同时更凸显混搭元素的多元化以及文化气息。

2. 中式回纹格讲究对称性，追求鲜明的线条感。设计此类吊顶时，需要注意造型不宜过于复杂，注重线条的横平竖直，顶面预留细线条进行点缀，需在吊顶制作时，采用石膏板抽缝的方式。一般建议预留的抽缝宽度尺寸以 3~5cm 为宜。

工艺解析 - 石膏板造型 · 006

拱形吊顶 + 石膏线条的装饰

1. 狭长形的玄关过道采用拱形吊顶进行装饰，在与地面图案进行呼应的同时，拉升了进门空间的视觉感。此外，顶面还增加了拱形石膏线条进行点缀，繁而不乱的石膏线不仅增加了空间层次同时给人以豪华感。

2. 拱形石膏板吊顶在制作过程中，弯拱的弧度对于龙骨的排布有一定的制作要求，数量上要比正常吊顶的龙骨更加密集，且石膏板尽量采用整板进行弯曲，弯曲弧度不能过大，以免造成断裂。

工艺解析 - 石膏板造型 · 007

外凸圆角的石膏板吊顶设计

1. 空间采用外凸圆角的石膏板吊顶划分不同的区域，与墙面的圆弧阴角以及地面的圆弧围边进行呼应。墙面采用暖色的木饰面进行装饰，地面铺贴深色的大理石材质，从上至下的空间色彩由浅过渡到深，层次分明，给人一种稳定感。

2. 中间的外凸石膏板吊顶往下吊的尺寸不宜过大，一般以 15~20cm 为宜，跨度不建议过长，因为温度的变化会导致吊顶热胀冷缩，对将来的使用造成影响，分段式的吊顶既可划分区域，也能避免这类问题。

工艺解析 - 石膏板造型 · 008

石膏板吊顶结合黑镜的装饰

1. 在现代简约风格中，顶面采用石膏板吊顶造型结合黑镜的装饰，形成黑白对比。吊顶与沙发背后的水景构成对称关系，局部采用内凹灯槽的设计，让空旷的顶面不会显得过于呆板，灯槽散发出的暖光给刚性的空间增添几分温馨感。

2. 现代风格的空间顶面常用镜面作为装饰，由于镜面的重量比常规的石膏板要重很多，所以装饰的面积不宜过大，施工时需要采用多层板打底并增加龙骨的密度，然后采用硅胶安装，最好在安装的边缘预留卡口以增加其牢度。

工艺解析 - 石膏板造型 · 009

马赛克小方格的凹凸装饰板造型

1. 公共空间洽谈区的顶面采用马赛克小方格的凹凸装饰板进行装饰，给本来比较素雅的空间带来活泼感和灵动感，结合墙面的装饰，增加空间的层次与视觉冲击力。

2. 马赛克小方格的凹凸装饰板需要通过厂家进行成品定制加工，施工时顶面先用多层板打底，除了大面积采用免钉胶粘贴外，可在装饰板侧面不明显的位置采用干壁钉进行固定，以增加其牢固度。

工艺解析 - 石膏板造型 · 010

平顶面镶嵌金属线条的工艺

1. 现代风格的客厅采用平顶结合围一圈边顶的台阶式设计，提升了空间顶面的层次感。顶面加入亮面金属不锈钢线条的点缀，并在边顶的沿口位置利用石膏板的留缝，勾勒出线条感，从而增加吊顶的视觉冲击力。暖色的灯带增加了空间的温馨氛围，彰显出空间的优雅品位。

2. 在平顶面上预留凹槽镶嵌亮面金属不锈钢线条的点缀，需先用实木多层板进行打底，预留的金属不锈钢线条的规格一般建议在 6~8cm，视觉效果更佳，另外平顶面凹槽深度建议在 4~6cm 为宜。

工艺解析 - 石膏板造型 · 011

不规则艺术吊顶的应用

1. 欧式风格的空间中，顶面采用不规则的艺术吊顶与厚重感较强的圆形吊顶相结合的设计手法，呼应圆桌与圆形的地面波打线，在波浪形地面图案的衬托下，让空间显得优雅大方、雍容华贵。

2. 如果想要打造一个不规则的艺术吊顶，放线结束后应注意造型层次的先后施工顺序，需用木工板打底，再采用手工锯割的方式把吊顶造型进行完善。由于灯槽比较薄，需采用 LED 灯带进行点缀，让灯带得以更好地隐藏之外，凸显出顶面的层次感。

镶嵌不锈钢线条需采用多层板打底，
预留出不锈钢线条的卡口

工艺解析 - 石膏板造型 · 012

多层石膏板吊顶结合不锈钢线条的装饰

1. 狭长形的卧室空间顶面采用多层次的石膏板吊顶进行装饰，散发中性光的灯带与不锈钢线条的加入在表现细节美感的同时，也增加了空间的层次感，并且与人字拼地板的搭配相得益彰。

2. 在吊顶的阳角上镶嵌不锈钢线条，需采用多层板打底，预留出不锈钢线条的卡口，折边不锈钢线条在阴角拼接时，建议采用内 45° 角的拼接工艺会显得更加精细。

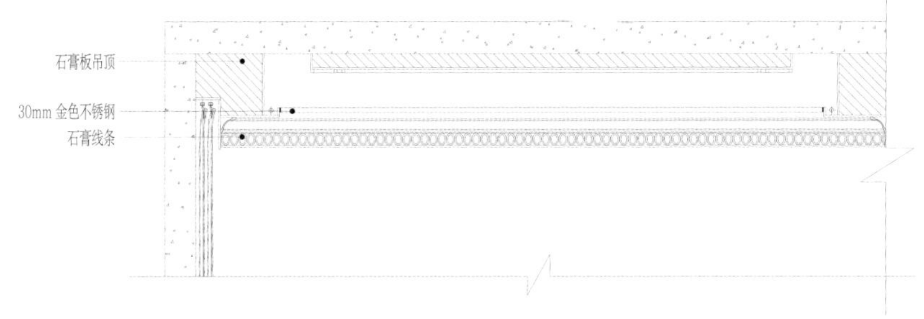

吊顶施工节点图

工艺解析 - 石膏板造型 · 013

金属线条在轻奢风格吊顶中的应用

1. 在轻奢风格的空间中，金属是必不可少的设计元素。灯槽吊顶的侧面通常采用金属线条进行点缀，除了提升空间品质之外，可以为后期家具的定制埋下伏笔，使得两者之间形成更好的呼应。

2. 在吊顶沿口安装金属线条，90° 转弯处采用圆弧状处理，让空间彰显柔美感，镶嵌金属线条的吊顶需要采用多层板打底，最好选择卡扣式的安装方式，这样会更牢固。

不锈钢线条折半径过大的圆弧，需要分段进行加工安装

工艺解析 - 石膏板造型 · 014

圆弧阶梯式吊顶结合灯带弱化横梁

1. 在跨度较大的空间中，建筑结构上通常会出现横梁，对于空间的顶面装饰来说会产生一定的影响。本案采用圆弧阶梯式吊顶和灯带结合的方式来弱化客厅中间的横梁，结合圆形水晶吊灯增加空间的层次感，亮面玫瑰金不锈钢线条的点缀更好地提升了空间的品质。

2. 在石膏板吊顶上镶嵌亮面玫瑰金不锈钢线条，需要先用多层板打底并预留凹槽，不锈钢线条折圆弧时在工艺上有一定的要求，半径过大的圆弧需要分段进行加工安装，并且注意拼接缝的处理。

石膏线条的尺寸大小以及排布层次是打造一个欧式风格吊顶的关键

工艺解析 - 石膏板造型 · 015

利用石膏线条塑造顶面层次

1. 在诸多欧式风格的设计元素中，采用石膏线条塑造顶面层次是较为常见的设计手法之一。围边石膏板吊顶与地面的波打线图案相结合，形成上下呼应的视觉感受，增强空间线条感的同时提升空间的品位。

2. 在面积较大的空间中采用石膏线条装饰顶面时，需要注意石膏线条的大小以及排布层次，合理的分层才能较好地塑造顶面的层次感，通常围边吊顶一圈的石膏线条建议选择 10cm 以上的宽度，中间贴顶的石膏线条的宽度不大于 5cm。

工艺解析 - 石膏板造型 · 016

欧式造型吊顶 + 暗藏式灯带的设计

1. 欧式造型的吊顶采用石膏线条和水晶灯等元素进行点缀，在暗藏式灯带散发的暖光的映衬下，使得空间富有层次感，圆角石膏线与石膏浮雕的出现让顶面更具细节的美感。

2. 如果餐厅的顶面出现横梁，运用对称的装饰假梁是一种比较出彩的设计手法，加入灯带的点缀让其不显突兀。需要注意的是，如果顶面需要安装中央空调，就应采用下出下回的方式，横向的出风口容易被吊顶造型所遮挡。

工艺解析 - 石膏板造型 · 017

平顶结合错层的装饰方式

1. 简约风格的空间中，顶面采用大面积的平顶结合错层的方式进行装饰，增加层次感的同时又不失简约大气的视觉感受，错层的顶面加以暖光灯带的点缀，更能烘托出空间的温馨和高雅气质。

2. 对于面积较大的平面吊顶而言，平整度决定了品质感。所以在用大面积轻钢龙骨作为平面石膏板吊顶的基层时，建议增加龙骨的密度，防止时间久了因为热胀冷缩造成较大的变形，从而影响空间的美观。

工艺解析 - 石膏板造型 · 018

阶梯递进的吊顶造型设计

1. 中式风格的吊顶采用与床头背景呼应的设计手法，顶面采用阶梯递进的造型，增加线条点缀的同时配合暗藏式灯带的映衬，丰富了空间的层次感。

2. 在吊顶施工时，灯带的檐口与阶梯式的造型需要先采用木工板打底，然后根据设计的造型尺寸预留石膏板的位置。如果吊顶中有线条装饰的话，需要在上石膏板时预留出线条的卡口位置，以便后期的安装。

工艺解析 - 石膏板造型 · 019

梯形状吊顶的设计手法

1. 在挑高的空间里，采用梯形状吊顶来塑造空间的立体造型，是较好的顶面设计手法之一，白色石膏板吊顶中镶嵌深色围边线条让顶面的线条感更加突出，黑白的对比更加明显，从而增加顶面的对比度。

2. 梯形吊顶斜面的石膏板造型需要采用木工板先做好基础，然后在表面采用白胶加以螺丝进行固定，分段式的留缝需要注意预留的缝隙，方便工人后期批嵌施工作业，需要预留线条的固定卡口。

石膏板与木工板基层之间的贴合
需要用自攻螺丝和白胶的双重固定

工艺解析 - 石膏板造型 · 020

装饰假梁加石膏线条的造型

1. 一些挑高的空间难免让人觉得过于空旷，这时吊顶的厚重感就会对平衡空间起到重要作用。本案顶面采用装饰假梁加石膏线条的设计手法，顺沿其顶面的弧度，使顶面空间表现出厚重的同时并不显得压抑，而且与深色地面形成对比，增强整体空间感。

2. 在许多空间顶面采用装饰假梁的设计方式屡见不鲜，制作时需根据原有梁的大小，用木工板做基础，再用石膏板把基层进行包裹，石膏板与木工板之间的贴合除了用自攻螺丝固定外，还需要刷白胶加以固定。

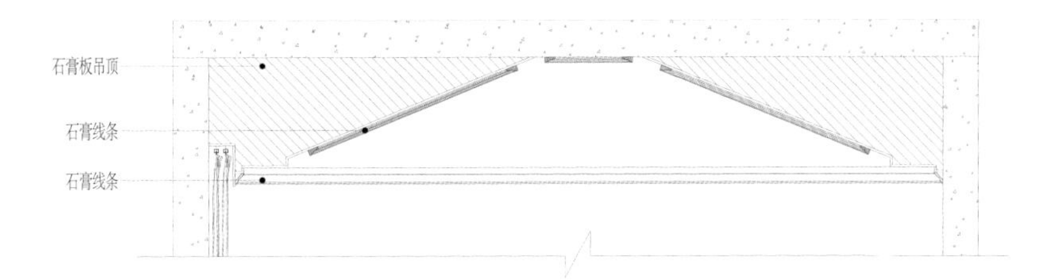

吊顶施工节点图

工艺解析 - 石膏板造型 · 021

对称式的方锥形吊顶设计

1. 在一些斜顶的空间中，对称式的方锥形吊顶也是设计师常用的设计手法之一。为了四边的棱角更加明显突出，通常在设计上加石膏线条进行点缀，从而增加顶面的层次感与线条感。此外，黑色的吊灯与白色的顶面形成色彩对比，很好地提升了空间的品位。

2. 本案的斜面吊顶在施工时，应先把围边的平面石膏板吊顶做好基础，然后计算斜面的坡度比例，再采用竖向安装龙骨的方式拉斜面，以达到更好的空间感。

工艺解析 – 石膏板造型 · 022

中式风格空间的对称式吊顶造型

1. 接待区域的顶面采用对称式的吊顶设计，上轻下重的色彩搭配给人一种视觉上的稳定感。石膏线条勾勒的方形与地面的线条图案形成呼应，再搭配带有中式元素的墙面背景，使得空间富有中式传统的文化气息。

2. 顶面采用对称式的吊顶，且两边都有灯带的情况下，中间吊顶的厚度需要控制，建议不宜小于 35cm 的高度，因为中间除了需要有足够的面积与原顶面固定之外，还需给灯槽留出一定的尺寸摆放灯管，以免影响吊顶的牢固度。

工艺解析 – 石膏板造型 · 023

平顶 + 斜顶的造型设计

1. 在一些顶层的空间中，经常会遇到斜顶。本案在吊顶设计时保留了局部的斜顶空间，在大面积空间中采用平顶加走边灯槽的处理方式，让空间既保留了原有斜顶的韵味，又不失层次感。

2. 在斜顶的空间中，由于斜面的最低点比较低，如果从这个位置开始做吊顶会让空间显得压抑，甚至会造成空间无法正常使用，所以通常不能从最低点开始设计吊顶。此外，斜面的吊顶部分加入石膏线条作为点缀，需要分块进行，避免因为跨度过长在使用过程中产生裂缝。

起拱式弧形吊顶的应用

1. 本案根据空间的层高优势，采用起拱式的弧形吊顶加以石膏线条点缀，咖啡色与白色相间的色彩搭配显得层次分明，让空间更有立体感同时也增加了对比度。菱形的石膏线条造型与地面地毯的图案相呼应，形成统一协调且不失高雅的视觉感受。

2. 在层高较高的空间里，由于墙面背景的高度过高，空间比例容易失调，所以可以通过顶面的下压设计来形成更协调的比例，但是在空间的过渡上需要结合相对柔和的设计手法，过于硬朗的顶面容易给空间带来压抑感。

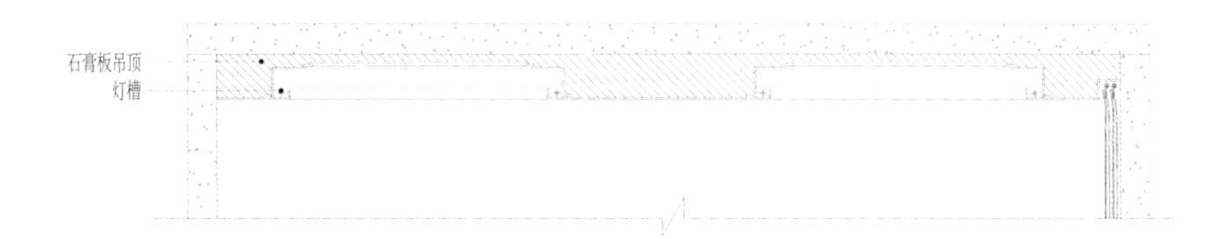

吊顶施工节点图

工艺解析－石膏板造型 · 025

隐藏支撑梁的吊顶设计手法

1. 一般跨度较大的客厅空间顶面都有较低的支撑梁，很多时候会对吊顶的设计方案有所影响。本案采用灯带加中间凸出圆弧造型的设计手法进行修饰，两侧采用顶面层次进行呼应，结合地面走边，保证整体性的同时实现巧妙隐藏过梁的目的。

2. 由于支撑梁都会比较低矮，所以在过梁上采用灯槽进行修饰的时候，需要把两侧的顶面先吊下来，拉近两个面之间的距离。在圆弧造型的吊顶上做勾缝边的时候，建议采用石膏板留缝的方式，以便达到更好的工艺效果。

半圆弧的石膏线条建议采用正圆的弧度进行开模定制

工艺解析 - 石膏板造型 · 026

半圆弧造型吊顶 + 石膏线条

1. 在欧式风格的餐厅空间吊顶设计中，由于空间原始结构留下的横梁无法避免，为了确保空间顶面的层高，采用梁裸露结合四面半圆弧的造型进行设计，再加入规格不一的石膏线条的点缀，以提升空间的层次感。原顶面部分的涂料颜色选择灰色与白色进行对比，增强空间视觉对比度。

2. 欧式风格的吊顶设计通常离不开石膏线条的点缀。在施工时需注意中间两根横梁与边上一圈吊顶的落差，这个尺寸关系到使用石膏线的规格大小，一般情况下建议 8~10cm 的落差，这样比例更为协调。半圆弧的吊顶需要安装石膏线条进行点缀时，应先让厂家开模制作，为了让弧度的定制更加精细，建议半圆弧的制作均采用正圆的弧度进行。

分层石膏板 + 石膏线条的装饰

1. 空间较大且视野开阔的客餐厅顶面采用分层石膏板加以石膏线条装饰，与空间整体呼应的同时增加空间的层次感，也从视觉上提升了空间感。

2. 在跨度较大的顶面采用石膏线条进行装饰时，长条的石膏线条需要进行拼接，建议采用45°拼接方式，同时注意两根线条之间的高低差，以免影响视觉效果。

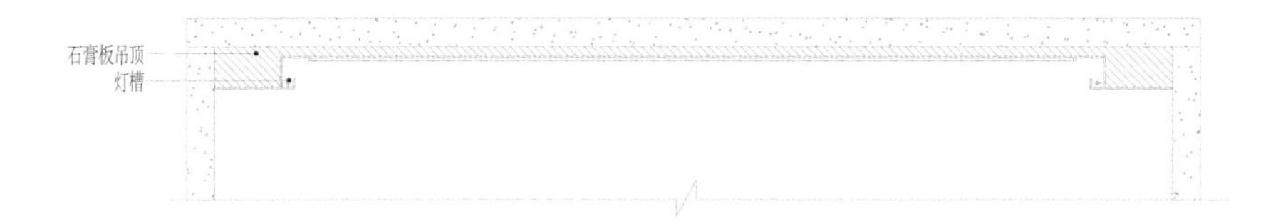

吊顶施工节点图

如果顶面采用抽缝的形式，
需要在顶面封石膏板前预留出线条的槽口

工艺解析 – 石膏板造型 · 028

顶面的暗藏式灯带取代主光源

1. 卧室顶面采用高低分层的设计手法，增加了卧室空间的层次感。巧妙地运用暗藏式灯带取代主光源，增加卧室简洁感的同时不乏温馨感。

2. 石膏板吊顶采用抽缝的形式勾勒出线条感，施工时需要在顶面封石膏板前设定位置，预留出线条的槽口，这样后续无论是嵌入金属线条还是用涂料描边的处理方式均可。

工艺解析 - 石膏板造型 · 029

高低错落的顶面灯槽设计

1. 现代空间的装饰中，个性化的设计理念层出不穷，针对于照明亦是如此，本案的顶面灯带一直延伸到墙面后，采用长短不一的方式把灯带与错落有致的墙面层板进行呼应，增加立面的层次感。在灯槽口采用亮面不锈钢线条收口，更是从细节上提升了空间的品质感。

2. 顶面采用高低错落的灯槽设计方式，对空间的层高有一定的要求。此外，用不锈钢线条做圆弧的收口对工艺的要求较高，需要根据现场预留好的弧度边缘进行折边，以保证其美观度和贴合度。

工艺解析 - 石膏板造型 · 030

吊顶造型与沙发墙连成一体的设计手法

1. 顶面采用白色的哑光混水漆装饰板，与沙发背景的造型连成一体，具有延伸空间感的装饰效果。个性化的灯带造型同样与沙发墙上的灯带形成连通和呼应，从而达到使空间整体性更强的目的。

2. 吊顶中装饰板的应用需要考虑顶面的承载力，建议采用 12cm 的实木多层板打底，预留出灯带位置的槽孔，然后再定制白色的哑光混水装饰板，注意需要分段进行，预留缝的位置也应提前考虑分割，然后用深颜色的硅胶进行收口。

工艺解析 – 石膏板造型 · 031

长条形的圆角吊顶处理

1. 卫生间的顶面采用长条形的圆角吊顶，在常规石膏板吊顶的基础上丰富了层次，通过吊顶边口的线条增加线条感，这样的顶面处理让整体空间更有深度。

2. 卫生间的顶面采用腻子加涂料的处理方式。因为考虑防潮性以及稳定性，所以建议采用轻钢龙骨加硅酸钙板的基础造型，表面采用外墙腻子以及外墙涂料，耐久性更好。

工艺解析 – 石膏板造型 · 032

圆形石膏板吊顶上安装线条

1. 餐厅空间中如果搭配圆形餐桌，顶面采用圆形吊顶是常用的设计手法。本案中为了增加顶面的线条感，在圆形吊顶上增加了石膏线条进行点缀，从而让顶面的层次感显得更加立体鲜明。

2. 在圆形的石膏板吊顶上安装圆形石膏线条，需要在圆形吊顶制作完成之后，进行现场测量，根据圆的大小进行放样。定制圆形的石膏线条需要独立制作石膏模型，价格比普通的成品石膏线条相对更贵一些。

工艺解析 - 石膏板造型 · 033

菱形石膏造型的安装工艺

1. 在挑高的空间中，采用常规长方形吊顶与地面走边进行上下呼应，让空间富有整体感的同时又不缺细节的装饰性。顶面上再加以菱形石膏造型的点缀，兼具层次感与韵律的美感。

2. 菱形石膏造型需要在石膏板封顶后再进行施工，这样可以粘贴得更牢固。但是由于平面吊顶上粘贴菱形石膏造型从而加重了顶面的承载力，因此不仅需要缩小龙骨的间隙，而且固定石膏板的干壁钉的孔距也同样需要缩小，以增加顶面的受力。

工艺解析－石膏板造型 · 034

灯带与石膏板包梁形成对称的方式

1. 在空间的顶面中，采用对称式吊顶设计时，经常会碰到有横梁的情况，本案的餐厅吊顶中，采用灯带与石膏板包梁形成对称的方式可以较好地解决横梁的问题，具体可用石膏线条交圈的手法，在提升空间层次感的同时也形成较强的整体性。

2. 为了让餐厅的顶面更富立体感，采用万能胶粘贴石膏线条进行装饰是常用的处理方式，设计时应与地面的围边进行造型呼应，从而达到美化空间的效果。

工艺解析－石膏板造型 · 035

凸字形吊顶与灯带结合的设计

1. 卧室空间根据床的摆放位置，采用凸字形吊顶结合灯带照明的设计，让空间更具个性化的同时不缺温馨感，平顶面上采用艺术涂料勾缝的形式，让顶面更有质感的同时不缺线条感。

2. 凸字形吊顶在施工时需要预留灯带，平面吊顶与造型吊顶之间的距离建议不小于 15cm，便于工人操作，在平面吊顶涂刷艺术涂料，需要用腻子批嵌、打磨后再进行施工。

预留灯槽的大小建议不小于 15cm

工艺解析－石膏板造型 · 036

石膏板吊顶中倒圆角灯槽

1. 卧室空间采用平顶挖灯槽的处理方式，给空间带来柔和照明之外，还增加了顶面的线条感，并且与长条分节式吊灯形成呼应。间接照明的灯光渲染出整体的温馨氛围，结合皮雕的硬包床头背景，让整体空间更具品质感。

2. 在平面石膏板吊顶中倒圆角灯槽，让卧室空间的顶面富有动感，灯槽的位置、大小比例需要先在图纸上进行放样，预留灯槽的大小建议不小于 15cm，因为要给工人预留出粉刷上涂料的操作空间与灯管的安装工作空间。

带来强烈视觉冲击的异形吊顶

工艺解析 - 异型吊顶 · 001

超大圆形吊顶的制作工艺

1. 大面积喷黑的顶面是时下较为流行且节约成本的做法，与白色的圆形吊顶形成强烈的对比，在略显空旷的空间中带来强烈的视觉冲击感。圆形吊顶与圆形的休闲区地台相呼应，顶面的白色线性灯光与地面的灰色围边形成另一组呼应，丰富层次感的同时让整体显得十分协调。

2. 超大面积的圆形吊顶施工时，先根据图纸手工裁切完木工板之后，再分段拼接组装，通常是在地面组装完框架之后再进行多角度同时吊装，然后用水平仪确定圆形是否垂直，最后加以固定。圆形的大小比例需要精确，如果安装以后觉得太大了，想要改小的话就需要再重新手工裁切一个；如果尺寸小了，想要加大的话相对方便一些。

工艺解析 - 异型吊顶 · 002

书卷展开造型的弧形吊顶设计

① 卧室空间采用曲面的吊顶，与深色背景形成对比，拉伸了卧室空间的层次。由于卧室的层高较高，采用书卷展开造型的弧形吊顶，让顶面空间呈现出个性化的视觉感受之外，更具有一种娓娓道来的画面感，在灯带的点缀下，凸显出空间的雅致。没有使用主灯照明设计让顶面空间显得更加整洁大气。

② 对称式曲面吊顶需要较高的空间层高。圆弧面的石膏板吊顶，需在制作龙骨基层的时候，先根据顶面需要的弧度，把吊筋调节至不同的高度，然后裁切石膏板进行分段安装。两侧的平面吊顶需预留出灯带与筒灯的位置，宽度一般控制在 45~60cm 为宜。

制作异形吊顶需要采用手工裁锯的方式把木工板进行制作加工，完成造型以后再用石膏板封面

工艺解析 - 异型吊顶 · 003

异形石膏板吊顶的制作工艺

① 造型别致的异形吊顶在空间中彰显个性，对于这类吊顶的制作工艺而言，放线是一个非常重要的环节，尺寸大小的比例与家具之间的呼应都影响着整体的美观性。

② 在制作异形吊顶时，放线确认后需要工人把木工板采用手工裁锯的方式进行制作加工，完成造型以后再用石膏板封面。因为木工板会随着季节的变化出现收缩性，所以在封石膏板的时候，需要在石膏板的背面涂刷白胶，保持其外观的稳定性。吊顶的深度不宜超过 25cm，一般在 18~22cm 较为合适。

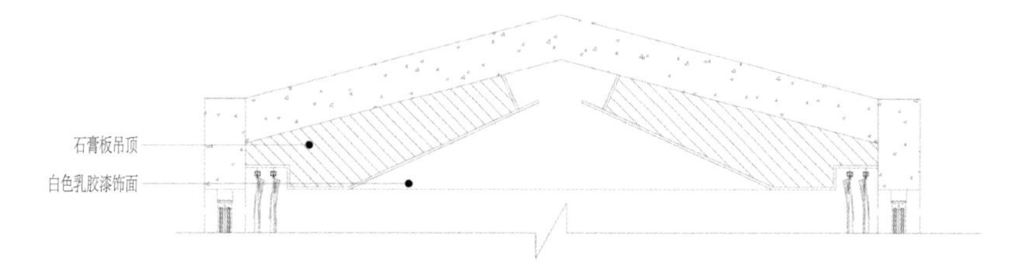

吊顶施工节点图

考虑到中央空调的安装问题，
对称式吊顶的高度约为 80cm

工艺解析 - 异型吊顶 · 004

斜面对称式吊顶的设计

❶ 在一些挑高或者本身自带斜面的顶楼空间中，利用原有的建筑顶面，采用斜面对称式吊顶是十分常见的设计手法。而且吊顶的大小尺寸正好与家具的摆设位置相呼应，凸显出空间的整体性。

❷ 斜面对称式吊顶施工时，需要先计算斜面的倾斜度，然后规划好中央空调的出风口和回风口的位置。正常情况下这类对称式吊顶的高度约为 80cm，一方面可以表现出顶面空间的厚重感，另一方面为了更好地放置中央空调内机，在满足实用功能的同时兼顾美观度。

平顶面进行无规律划分的造型设计

1. 公共洽谈区采用个性十足的吊顶设计，简约而不简单。通过预留顶面中间不规则的缝隙，选择深色涂料进行涂抹，对顶面块面的划分格外明显，同时凸显顶面的线条感。不按规律划分的分段线充满了视觉的张力，在内嵌筒灯的灯光点缀下，显得顶面空间更有层次感。

2. 设计这类吊顶时需注意空间的整体层高不能低于 300cm，保证空间的视觉舒适度，不会让人感觉压抑。因为是在一个水平面上进行没有规律的分段，所以图纸上划分好的尺寸对现场的放样尤为重要，施工时需注意石膏板吊顶之间缝隙的宽度大小，建议预留 8~10cm 的尺寸较佳。

工艺解析－异型吊顶 · 006

云朵造型的石膏板吊顶设计

❶ 儿童房的顶面采用云朵造型结合蓝色渐变的方式营造出活泼可爱的空间氛围，蓝色渐变部分的颜色既可采用喷涂的方式来实现艺术效果，也可以采用壁画进行粘贴，但是在选择壁画时尽量选用纯纸的材质，环保效果更好。

❷ 在儿童空间中制作云朵造型的吊顶时，需要注意每一个弧形的长度都各不相同，并且每一边的弧度都需要现场放线，再用木工板进行手工切割。在顶面固定好造型之后，吊顶的龙骨随着造型的弧度一起进行固定，以达到更好的牢固度。

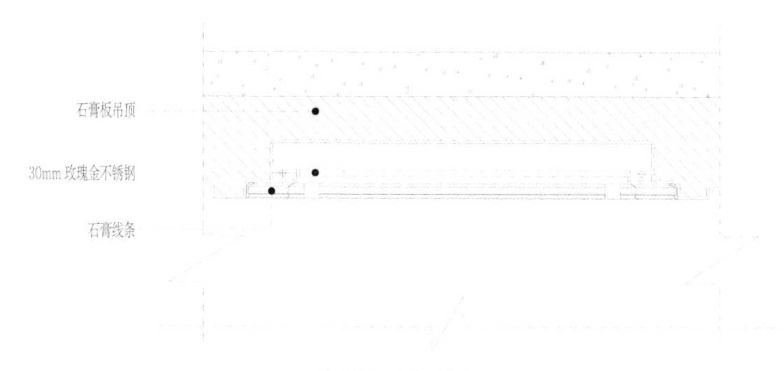

吊顶施工节点图

工艺解析 - 异型吊顶 · 007

与地面图案呼应的不规则吊顶造型

1. 吊顶造型与地面图案形成协调的呼应，在施工完成后往往能给空间带来强烈的视觉冲击感。不规则的吊顶造型提升了空间的层次感，深色木线条结合石膏线条的点缀，拉伸了整体的视觉效果。

2. 不规则形状的吊顶应根据图纸需要的造型用木工板进行切割。在卫生间的吊顶层次中，有灯带的一层吊顶高度尺寸建议不小于 12cm；需要安装石膏线条的这一层吊顶可根据石膏线的规格来确定吊顶台阶的尺寸高度。卫生间通常比较潮湿，建议采用硅酸钙板和防水涂料作为顶面材料，可达到更佳的防潮效果。

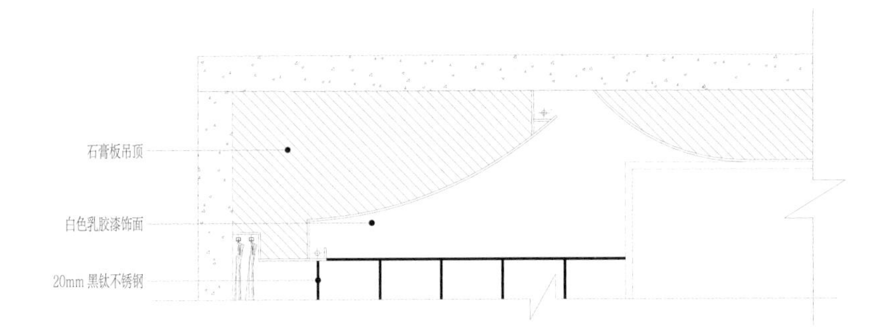

吊顶施工节点图

工艺解析 - 异型吊顶 · 008

书卷式的弧形石膏板吊顶设计

1. 弧形石膏板吊顶采用层层迭起的方式装饰一个挑高空间的顶面，加上灯带的相互映衬，让弧度优美的造型在空间中的装饰效果尤为显著。两道黑色凹槽的出现打破大面积白色的单调感，让空间变得更有层次感。

2. 书卷式的弧形石膏板吊顶，跨度需要稍大一些，除了满足弧度的优美之外，在施工时也可以让石膏板更好地弯曲。吊顶中的黑色留缝需先用木工板打底，然后表面封完石膏板后采用黑色涂料进行涂刷即可。

吊顶施工节点图

因为灯槽的体积比较细小，建议采用 LED 灯带

工艺解析 - 异型吊顶 · 009

波浪形吊顶 + 线形灯带的造型

1. 现代风格的空间采用点、线、面相结合的设计手法，波浪形艺术吊顶造型上勾勒出线状灯带，给人以强烈的视觉冲击感，给空间带来流动感，更凸显艺术气息。

2. 波浪形的艺术吊顶造型在制作上可以采用木龙骨或者轻钢龙骨做基础，根据波浪的大小来设定其高度；线性灯带需采用木工板或者定制铝合金槽口，在石膏板封面前预留出电源与灯槽的位置，因为灯槽的体积比较细小，建议采用 LED 灯带，安装效果更佳。

多种材料混搭装饰的吊顶造型

工艺解析 - 材料混搭 · 001

多组实木梁装饰的尖顶造型

1. 餐厅空间的顶面呈对称的尖顶设计，采用等距排列的深色实木梁做装饰，与白色石膏板吊顶形成鲜明的对比，从而拉伸空间的层次。吊顶边口采用一圈深色实木线条走边，凸显十足的中式韵味。

2. 采用多组对称的实木梁作为空间顶面的妆点，施工时为了减轻实木梁附着在顶面的重量，通常采用木饰面板包假梁的方式。先用木工板打底，然后采用相应的木饰面板进行粘贴制作。需要注意的是木饰面板的 90° 拼角处建议采用 45° 拼接的方式，以便达到更好的效果呈现。

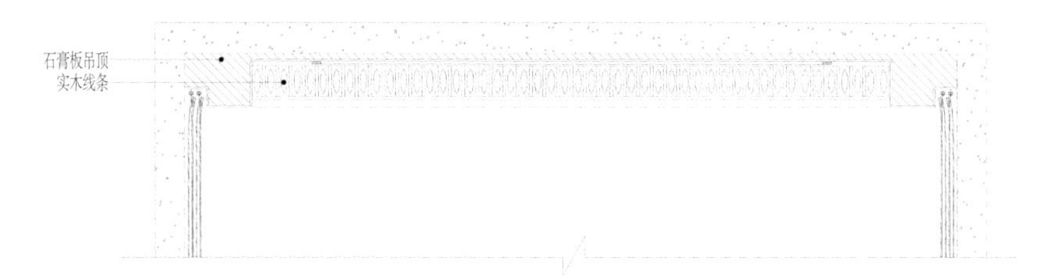

吊顶施工节点图

工艺解析 - 材料混搭 · 002

定制木花格结合墙纸贴面的造型

1. 平层的客餐厅顶面空间采用分割式设计，间接划分了两个功能区域。为了呼应家具的风格，顶面的四周采用定制的木花格进行装饰，中间的原顶面采用墙纸贴面，并用实木线条进行收口，增强了空间的视觉效果与顶面的层次感。

2. 定制的木花格需在顶面完成石膏板造型之后进行精准的测量，以免造成尺寸上的出入。用墙纸贴面时，需采用墙纸专用基膜进行横竖涂抹，待干透后再进行粘贴，尽量选用透气性较好的无纺布材质的墙纸。进行收口的实木线条需采用平板的线条，与顶面的贴合更紧密，且线条的大小建议控制在 5~8cm 比较适宜。

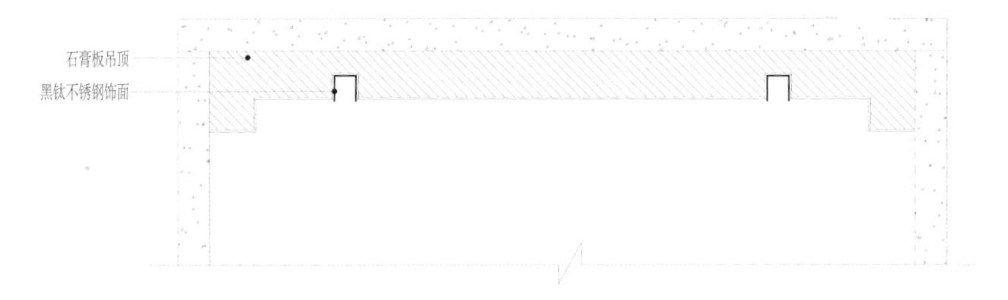

吊顶施工节点图

工艺解析 - 材料混搭 · 003

木地板贴顶结合黑钛不锈钢的 U 形槽装饰

1. 开放式厨房与餐厅结合的空间，顶面采用地板贴顶，与地面形成呼应的同时，给人一种质朴自然的视觉感受。黑钛不锈钢的 U 形槽让空间在增强视觉感的同时，凸显出线条层次。

2. 在顶面铺贴木地板需要先用实木多层板打底。为了保证稳定性，内部的主龙骨需比常规的间距更小一些。在顶面镶嵌黑钛不锈钢的 U 形槽，需在做基层时用实木多层板凹成槽口的形状，再用硅胶进行粘贴安装即可。由于跨度较长，不锈钢的厚度建议在 1~1.2cm，稳定性更佳。

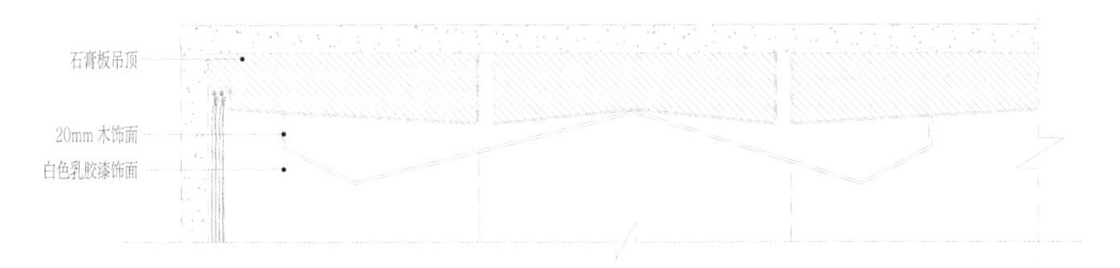

吊顶施工节点图

工艺解析 - 材料混搭 · 004

对称式尖顶造型的设计

1. 客厅顶面采用对称式的平面石膏板造型与尖顶进行分割装饰，利用斜面制作石膏板装饰梁，打造波澜起伏的视觉效果与层层递进的层次效果。不同层面的石膏板吊顶，结合深色实木线条的收口，让顶面空间的对比更加鲜明。

2. 如果要打造尖顶造型的效果，建议空间的层高最好不低于 3m。实木线条安装在石膏板上需要先用实木多层板进行打底，通常情况下，实木线条要比石膏板装饰梁宽出 1~2cm 的尺寸，这样收口比较美观，且不容易产生裂缝。

工艺解析 – 材料混搭 · 005

斜面吊顶粘贴壁画的造型

1. 斜面吊顶的设计具有倾斜立体的效果。在平顶面采用壁画的装饰，加入隐藏灯带的设计，让人眼前一亮。灯带口的位置采用实木线条进行收口，凸显出顶面造型的精致感。

2. 在顶面粘贴墙画，批嵌打磨结束后，采用专用基膜进行横竖两遍打底处理，待基膜干透后方可粘贴。在施工过程中，由于是顶面的施工作业，在拌制胶水时，应注意其黏稠度不宜太稀，尽量采用较干一些的搅拌方式，避免粘贴后在没有干透的情况下发生脱落现象。

工艺解析 – 材料混搭 · 006

做旧实木梁缠绕麻绳的装饰造型

1. 餐厅空间的顶面采用做旧的实木梁作为主体框架展开，再通过主灯的中心位置牵引出来的麻绳进行有规则地缠绕，形成繁而不乱的围边效果，打造出一个个性十足的复古风格空间，同时彰显返璞归真的空间氛围。

2. 在居家空间中，塑造复古风格需要用实木做旧的造型。施工时注意先用多层实木板打底，然后用木饰面板贴面，再通过擦色工艺进行做旧处理。麻绳的缠绕需要有规律地排布，间距均匀分布，以达到更好地视觉效果，建议选择直径在 1.5~3cm 的麻绳，装饰效果较佳。

工艺解析 - 材料混搭 · 007

利用吊顶造型划分不同功能区域

1. 公共空间的接待区域顶面采用多变式的吊顶造型设计。景观区采用长方格的实木线条造型，底部铺贴彩绘壁画进行衬托；洽谈区的顶面则安装大面积的实木板材，进行横竖的勾缝后再喷涂白色涂料，彰显简约而不简单的设计格调。

2. 在顶面拼接长方格的实木线条造型，拼缝处需采用 45° 拼角的连接，以达到更精细的工艺效果。线条的尺寸则需要根据空间的大小来定位，一般建议在 5~8cm 为宜。大面积采用实木板材进行横竖勾缝处理的吊顶造型，勾缝的大小建议在 3cm，视觉上更为协调。

工艺解析－材料混搭 · 008

艺术金属漆与不锈钢线条结合的吊顶造型

1. 在大平层的住宅空间中，由于客餐厅的空间视野较为开阔，所以吊顶通常采用整体式设计。本案属于混搭风格，吊顶设计上采用层次的递进，加入玫瑰金不锈钢线条，增加空间顶面层次的同时增强了视觉延伸感。平顶部分采用艺术金属漆的涂抹，结合无主灯的方式，显得简洁大气而又不失优雅。

2. 吊顶的檐口采用玫瑰金不锈钢金属线条进行点缀，施工时需先用实木多层板裁切打底，注意裁切的宽度应根据定制不锈钢线条的厚度而定，上下各缩小约 0.5~1cm 左右，为玫瑰金不锈钢线条预留出收口的位置。

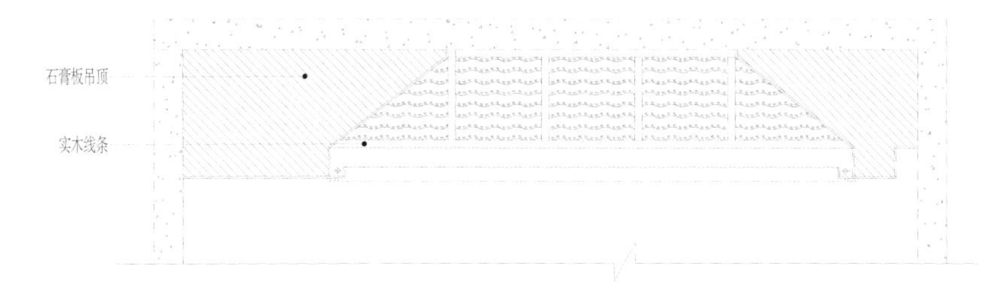

吊顶施工节点图

工艺解析 - 材料混搭 · 009

草编墙纸与实木线条装饰的梯拱形吊顶

1. 卧室空间的顶面采用梯拱形的造型进行装饰，采用草编墙纸分段粘贴，增加了卧室空间的温馨氛围。草编墙纸的拼接处采用实木线条进行收口过渡，增加了空间的线条感，正顶面采用壁画进行点缀，唯美的画面增加了空间的优雅气质。

2. 粘贴草编墙纸与壁画时，均需采用墙纸专业基膜横竖涂抹进行打底，注意每块草编墙纸之间需要用实木线条进行收口。实木线条的间距需根据草编墙纸的规格尺寸进行定位，线条的宽度建议在 5~8cm 为宜。

工艺解析 - 材料混搭 · 010

金箔艺术漆结合石膏角花装饰

① 欧式风格卧室空间的吊顶设计中，原顶面采用金箔艺术漆的装饰，结合层次分明的石膏线条和石膏角花的点缀，在提升整体空间奢华感的同时也增加了顶面空间的线条感。

② 金箔艺术漆的顶面不需刷涂料，直接批嵌、打磨完成即可。石膏线条需要根据顶面空间的比例进行选择，贴在原顶面上的石膏线条需采用底部平整的细线条装饰，更能凸显精致感，尺寸一般建议在 4~6cm 较为适宜。

工艺解析 - 材料混搭 · 011

方拱形吊顶镶嵌小方条的造型

① 方拱形的吊顶设计拉升了顶面的立体感，同时增加卧室空间的视觉冲击力。顶面两侧采用对称式的起伏有致的小方条进行镶嵌，并采用实木线条进行收边过渡，彰显别致的同时也凸显出空间的线条感。

② 方拱形吊顶的两侧镶嵌对称式的小方条，施工时建议采用厂家定制的成品，装饰效果更佳。在制作吊顶时应先用实木多层板打底，安装长条形的实木线条需注意尺寸的大小，建议控制在 12~15cm 较为适宜。

面积较大的木饰面板建议
分块面进行粘贴，
并预留 3cm 的勾缝

工艺解析 - 材料混搭 · 012

木饰面板与石膏板结合的斜面尖顶设计

1. 在很多建筑中，顶楼的顶面通常是斜面尖顶的设计，在处理这样的顶面时，需要把设备以及灯光融入其中，且保证原顶的结构是常用的手法之一。本案顶面采用木饰面板勾缝结合局部石膏板吊顶的装饰，中间的白色石膏板采用黑色的留槽，增加空间的线条感，除了暗藏轨道灯之外，同时把空调的进出风口隐藏其中，很好地解决了在斜面中设备的摆放位置问题。

2. 在吊顶设计中采用木饰面板进行装饰，需先用实木多层板打底，然后用万能胶进行粘贴。由于顶面的覆盖面积比较大，板材的规格也有限，如果粘贴木饰面板的面积过大，容易产生起拱现象，所以建议分块面进行粘贴，并预留 3cm 勾缝，避免受到热胀冷缩的影响后产生工艺上的问题。

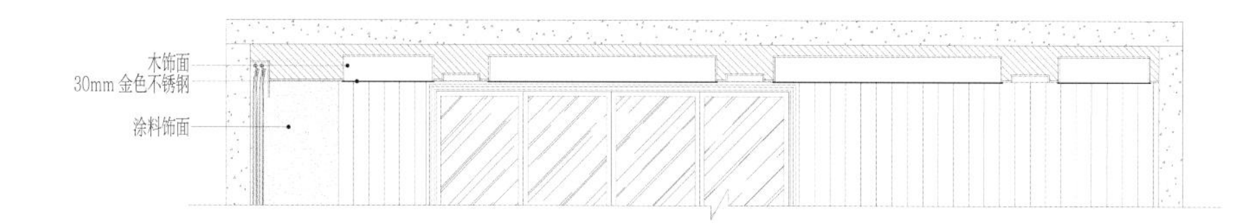

吊顶施工节点图

工艺解析 - 材料混搭 · 013

高光木饰面板包梁结合墙纸的造型

1. 中式风格休闲区的吊顶设计需要呼应整体的风格，设计时采用深色高光木饰面板包梁的装饰，结合金属线条装饰阳角沿口收边，在原顶面铺贴白描壁画，通过暖光灯带的衬托，很好地拉升了整体空间的层次感。

2. 木饰面板包梁的造型在施工时需先用实木多层板打底，高光木饰面板建议工厂定制，现场使用万能胶粘贴安装，拼接处采用金属线条进行收口过渡，金属线条的尺寸一般建议在 3~5cm 为宜。